应用技术型大学数学课程系列教材

概率统计与数学模型学习指导

主　编　李秋敏
副主编　张利凤　薛　凤

科学出版社
北　京

内 容 简 介

本书为《概率统计与数学模型》的配套学习指导教材，内容包括每一章的基本要求、内容提要、释疑解难、典型例题以及教材的习题解答. 第1～5章介绍概率论的基本知识，包括随机事件与概率、随机变量及其分布、多维随机变量及其分布、随机变量的数字特征、大数定律与中心极限定理等；第6～9章介绍数理统计的基本知识，包括数理统计基础知识、参数估计、假设检验、回归分析等.

本书针对教材知识点的重难点进行深入的解析，补充部分典型例题，并对教材的课后习题进行详解，可作为高等学校理工类财经类专业概率论与数理统计课程的教辅教材.

图书在版编目(CIP)数据

概率统计与数学模型学习指导/李秋敏主编. —北京：科学出版社，2015.6
应用技术型大学数学课程系列教材
ISBN 978-7-03-045142-2

Ⅰ. ①概… Ⅱ. ①李… Ⅲ. ①概率统计-高等学校-教学参考资料 ②数学模型-高等学校-教学参考资料 Ⅳ. ①O211 ②O141.4

中国版本图书馆 CIP 数据核字(2015)第153370号

责任编辑：昌 盛 周金权 / 责任校对：钟 洋
责任印制：徐晓晨 / 封面设计：陈 敬

科学出版社出版
北京东黄城根北街16号
邮政编码：100717
http://www.sciencep.com

北京建宏印刷有限公司 印刷
科学出版社发行 各地新华书店经销

*

2015年8月第 一 版 开本：720×1000 1/16
2017年8月第三次印刷 印张：9 1/4
字数：186 000

定价：23.00 元

（如有印装质量问题，我社负责调换）

前　言

概率论与数理统计是一门研究随机现象统计规律性的学科，在自然科学和社会科学的许多领域都有广泛的应用.

本书是《概率统计与数学模型》的配套学习指导教材，供使用该教材的学生和教师作教学参考. 本书按该教材的章节顺序编排，包括各章的基本要求、内容提要、释疑解难、典型例题和习题解答. 针对学生在学习中遇到的共同性的难点，以释疑解难的形式给予分析解答. 此外补充少量典型例题，剖析了解题思路、使用的公式定理和求解方法等.

本书主要包括随机事件与概率、随机变量及其分布、期望方差、大数定律与中心极限定理、数理统计、参数估计、假设检验和回归分析等.

本书由李秋敏编写第 1、4、5、8、9 章，薛凤编写第 2、3 章，张利凤编写第 6、7 章，全书由李秋敏负责统稿.

在本书的编写过程中，编者参阅了大量的资料，在此向这些书的作者表示感谢.

由于编者水平有限，书中难免有疏漏和不妥之处，恳请同行专家和读者批评指正.

电子科技大学成都学院文理系数学教研室

2015 年 5 月于成都

目　　录

第 1 章　随机事件与概率

一、基 本 要 求

1. 了解随机试验及其样本空间.

2. 理解随机事件的概念，掌握事件之间的关系与基本运算.

3. 理解事件频率的概念，理解古典概率的概念，会进行一般古典概率的计算.

4. 了解概率的公理化定义，熟练掌握概率的性质，会应用这些概率性质计算事件的概率.

5. 理解条件概率的概念，会进行简单的运算.

6. 熟练掌握概率加法公式，互不相容条件下的概率加法公式、概率乘法公式，相互独立条件下的概率乘法公式，全概率公式，贝叶斯公式，能够灵活应用这些公式进行概率计算.

7. 理解事件独立性的概念，会利用事件的独立性进行概率计算.

二、内 容 提 要

(一)随机事件

1. 随机现象

随机现象的结果事前不能预测，但在相同条件下，大量重复试验和观测时，会发现它们呈现某种规律性，这种规律性称为随机现象的统计规律性.

2. 随机试验

对随机现象进行的观察或科学试验统称为随机试验. 用字母 E 表示.

随机试验的结果是可以观测的，并且具有下列三个共同特点.

(1) 试验可以在相同的条件下重复进行，即可重复性.

(2) 试验的结果不唯一，但在试验前就知道所有可能出现的结果，即结果的明确性.

(3) 在一次试验中，某种结果出现与否是不确定的，在试验之前不能准确地预测该次试验将会出现哪一种结果，即结果的随机性.

3. 样本空间

将随机试验 E 的每一种可能结果称为基本事件，或称为样本点，记为 ω. 所有基本事件或样本点组成的集合称为试验 E 的样本空间，记为 Ω.

4. 随机事件

随机试验中，可能发生也可能不发生的结果称为随机事件，简称为事件，常用大写字母 $A,B,C,\cdots$ 表示.

随机事件是样本空间的子集. 其中，在每次试验中，一定出现的事件称为必然事件，记为 Ω；一定不可能出现的事件称为不可能事件，记为 $\varnothing$.

5. 事件的关系及运算

在一个样本空间中可以定义多个随机事件，事件与事件之间往往有一定的关系. 假设试验 E 的样本空间为 Ω，A，B，C，$A_1,A_2,\cdots,A_n$ 分别是 E 的事件.

1）事件的包含关系

如果事件 A 发生必然导致事件 B 的发生，则称事件 B 包含事件 A，事件 A 是事件 B 的子事件，记为 $A\subset B$.

如果事件 A 包含事件 B，同时事件 B 也包含事件 A，即 $B\subset A$ 且 $A\subset B$，则称事件 A 与事件 B 相等，或称 A 与 B 等价，记为 $A=B$.

对任一事件 A，总有 $\varnothing\subset A\subset\Omega$.

2）和事件

事件 A 与事件 B 中至少有一个发生的事件，称为事件 A 与事件 B 的和事件，记为 $A\cup B$. 即

$$A\cup B=\{A\text{ 发生或 }B\text{ 发生}\}=\{A,B\text{ 中至少有一个发生}\}.$$

事件 A，B 的和事件是由 A 与 B 的样本点合并而成的事件.

类似地，n 个事件的和事件为 $A_1\cup A_2\cup\cdots\cup A_n$，或记为 $\bigcup\limits_{k=1}^{n}A_k$.

3）积事件

事件 A 与事件 B 同时发生的事件，称为事件 A 与事件 B 的积事件，记为 $A\cap B$ 或 AB. 即

$$A\cap B=\{A\text{ 发生且 }B\text{ 发生}\}=\{A,B\text{ 同时发生}\}.$$

事件 A，B 的积事件是由 A 与 B 的公共样本点所构成的事件.

类似地，n 个事件的积事件为 $A_1A_2\cdots A_n$，或记为 $\bigcap\limits_{k=1}^{n}A_k$.

4)差事件

事件 A 发生而事件 B 不发生的事件,称为事件 A 关于事件 B 的差事件,记为 $A-B$,表示 A 发生而 B 不发生,即 $A-B=A\overline{B}$.

事件 A 关于 B 的差事件是由属于 A 且不属于 B 的样本点所构成的事件.

5)互不相容事件

如果事件 A 与事件 B 不能同时发生,即 $AB=\varnothing$,则称事件 A 与事件 B 互不相容,或称事件 A 与事件 B 互斥.

同一随机试验的基本事件都是互不相容的.

6)对立事件

试验中“A 不发生”这一事件称为 A 的对立事件或 A 的逆事件,记为 $\overline{A}$.

一次试验中,A 发生则 $\overline{A}$ 必不发生,而 $\overline{A}$ 发生则 A 必不发生,因此 A 与 $\overline{A}$ 满足关系

$$A\cup\overline{A}=\Omega,\quad A\overline{A}=\varnothing.$$

事件间的关系与运算可用维恩(Venn)图(图 1.1)直观地加以表示.图中方框表示样本空间 Ω,圆 A 和圆 B 分别表示事件 A 和事件 B.

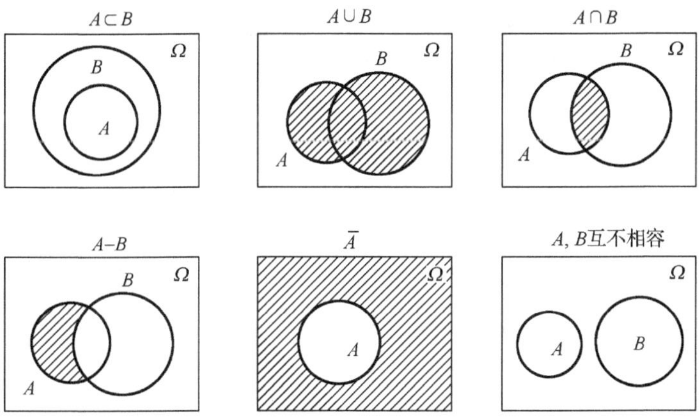

图 1.1

6.运算律

(1)交换律

$$A\cup B=B\cup A.$$

(2)结合律

$$(A\cup B)\cup C=A\cup(B\cup C),$$

$$(A \cap B) \cap C = A \cap (B \cap C).$$

(3)分配律

$$(A \cup B) \cap C = (A \cap C) \cup (B \cap C),$$
$$(A \cap B) \cup C = (A \cup C) \cap (B \cup C).$$

(4)对偶律(De Morgan 定理)

$$\overline{A \cup B} = \bar{A} \cap \bar{B},$$
$$\overline{A \cap B} = \bar{A} \cup \bar{B}.$$

对偶律还可以推广到多个事件的情况. 一般地，对 n 个事件 $A_1, A_2, \cdots, A_n$ 有

$$\overline{A_1 \cup A_2 \cup \cdots \cup A_n} = \bar{A}_1 \cap \bar{A}_2 \cap \cdots \cap \bar{A}_n,$$
$$\overline{A_1 \cap A_2 \cap \cdots \cap A_n} = \bar{A}_1 \cup \bar{A}_2 \cup \cdots \cup \bar{A}_n.$$

对偶律表明,“至少有一个事件发生”的对立事件是“所有事件都不发生”,“所有事件都发生”的对立事件是“至少有一个事件不发生”.

(5)吸收律

若 $A \subset B$,则 $A \cup B = B, AB = A$.

事件的关系及运算与集合的关系及运算是一致的,但在概率论中有特定的语言表示. 事件关系与集合关系比较见表 1.1.

表 1.1 事件关系与集合关系比较

记号	概率论	集合论
Ω	样本空间、必然事件	全集
$\varnothing$	不可能事件	空集
ω	样本点、基本事件	点(元素)
A	随机事件	Ω 的子集
$A \subset B$	A 发生导致 B 发生	A 为 B 的子集
$A = B$	两事件相等	两集合相等
$A \cup B$	两事件 A,B 至少发生一个	两集合 A,B 的并集
AB	两事件 A,B 同时发生	两集合 A,B 的交集
$A-B$	事件 A 发生而 B 不发生	集合 A,B 的差集
$\bar{A}$	事件 A 的对立事件	A 对 Ω 的补集
$AB = \varnothing$	两事件 A,B 互不相容	两集合 A,B 不相交

(二)概率及其性质

1. 概率

随机事件在一次试验中发生的可能性大小是客观存在的. 这个客观存在的量就是事件 A 的概率,记为 $P(A)$. 因此概率度量了随机事件发生的可能性大小.

2. 频率

设在相同的条件下，重复进行了 n 次试验，若随机事件 A 在这 n 次试验中发生了 m 次，则比值

$$f_n(A)=\frac{m}{n}$$

称为事件 A 在 n 次试验中发生的频率.

事件 A 发生的频率 $f_n(A)$ 描述了事件 A 发生的频繁程度. 显然，$f_n(A)$ 越大，事件 A 发生越频繁，即 A 发生的可能性越大，反过来也一样. 因此，频率 $f_n(A)$ 反映了事件 A 发生的可能性大小.

试验表明，在相同条件下，随着试验次数的变化，频率会有所波动；但随着 n 的无限增大，事件 A 发生的频率 $f_n(A)$ 总是在某一常数附近波动，且波动幅度越来越小，这种性质称为频率的稳定性.

3. 古典概率

满足下列两个条件的随机试验的数学模型称为古典概型：

(1)有限性：仅有有限个基本事件；

(2)等可能性：试验中每个基本事件发生的可能性相同.

设试验 E 为古典概型试验，$A_i(i=1,2,\cdots,n)$ 是全体基本事件，事件 A 包含其中 m 个基本事件，则

$$P(A)=\frac{m}{n}=\frac{A\text{包含的基本事件数}}{\text{基本事件总数}},$$

为事件 A 的古典概率.

4. 概率的公理化定义与性质

设随机试验 E 的样本空间为 Ω，对于 E 的每一事件 A，都对应一个实数 $P(A)$，若集合函数 P 满足下列条件：

(1) 非负性：对任一事件 A，$0\leqslant P(A)\leqslant 1$；

(2) 规范性：$P(\Omega)=1$；

(3) 可列可加性：对任意可列个互不相容事件 $A_1,A_2,\cdots$，有

$$P\left(\sum_{i=1}^{+\infty}A_i\right)=\sum_{i=1}^{+\infty}P(A_i),$$

则称 $P(A)$ 为事件 A 的概率.

概率具有以下基本性质.

(1)不可能事件的概率为零，即 $P(\varnothing)=0$.

(2)对事件 A 及其对立事件 $\bar{A}$，有

$$P(A)=1-P(\bar{A}).$$

(3)单调性:若事件 A, B 满足 $A\subset B$，则

$$P(A)\leqslant P(B),$$
$$P(B-A)=P(B)-P(A).$$

(4)有限可加性:若事件 A 与事件 B 互不相容,则

$$P(A\cup B)=P(A)+P(B).$$

一般地,若 n 个事件 $A_1,A_2,\cdots,A_n$ 互不相容，则

$$P(A_1\cup A_2\cup\cdots\cup A_n)=P(A_1)+P(A_2)+\cdots+P(A_n).$$

(5)概率的加法公式:对任意两个事件 A 与 B，有

$$P(A\cup B)=P(A)+P(B)-P(AB).$$

一般地，对任意 n 个事件 $A_1,A_2,\cdots,A_n$，有

$$P\left(\bigcup_{i=1}^{n}A_i\right)=\sum_{i=1}^{n}P(A_i)-\sum_{1\leqslant i<j\leqslant n}P(A_iA_j)+\sum_{1\leqslant i<j<k\leqslant n}P(A_iA_jA_k)$$
$$-\cdots+(-1)^{n-1}P(A_1A_2\cdots A_n).$$

(6)概率的减法公式:对任意两个事件 A 与 B，有

$$P(A-B)=P(A)-P(AB)=P(A\cup B)-P(B).$$

5. 条件概率

设 A, B 是两个事件，且 $P(A)>0$，在事件 A 发生的条件下事件 B 发生的条件概率为

$$P(B\mid A)=\frac{P(AB)}{P(A)};$$

当 $P(B)>0$ 时,在事件 B 发生的条件下事件 A 发生的条件概率为

$$P(A\mid B)=\frac{P(AB)}{P(B)}.$$

设随机试验 E 的样本空间为 Ω, A, B, $A_1,A_2,\cdots$ 都是 E 的事件,若 $P(B)>0$，则条件概率满足:

(1)非负性:对任一事件 A，$0\leqslant P(A\mid B)\leqslant 1$；

(2)规范性：$P(\Omega\mid B)=1$；

(3)可列可加性:若事件 $A_1,A_2,\cdots$ 互不相容,则

$$P\left(\sum_{i=1}^{\infty}A_i\mid B\right)=\sum_{i=1}^{\infty}P(A_i\mid B).$$

6. 乘法公式

对于两个事件 A, B, $P(AB)=P(A)P(B\mid A)=P(B)P(A\mid B)$.

多个事件的积事件

$$P(A_1A_2\cdots A_n)=P(A_1)\cdot P(A_2\mid A_1)\cdot P(A_3\mid A_1A_2)\cdot\cdots\cdot P(A_n\mid A_1A_2\cdots A_{n-1}).$$

7. 全概率公式

设随机试验 E 的样本空间为 Ω, $B_1,B_2,\cdots,B_n$ 是 E 的一组事件,若:

(1) $B_iB_j=\varnothing,\ i\neq j$;

(2) $B_1\cup B_2\cup\cdots\cup B_n=\Omega$,

则称 $B_1,B_2,\cdots,B_n$ 为 Ω 的一个有限划分.

全概率公式 设随机试验 E 的样本空间为 Ω, $A\subset\Omega$, $B_1,B_2,\cdots,B_n$ 为 Ω 的一个有限划分,且 $P(B_i)>0,\ i=1,2,\cdots,n$, 则有

$$P(A)=\sum_{i=1}^{n}P(B_i)P(A\mid B_i).$$

全概率公式的基本思想是把一个未知的复杂事件分解为若干个已知的简单事件的和来计算其概率,而这些简单事件组成一个互不相容的事件组,使得事件 A 与这组事件 $B_1,B_2,\cdots,B_n$ 中至少一个同时发生.

8. 贝叶斯公式

贝叶斯公式 设随机试验 E 的样本空间为 Ω, $A\subset\Omega$, $B_1,B_2,\cdots,B_n$ 为 Ω 的一个有限划分,且 $P(A)>0,\ P(B_i)>0,\ i=1,2,\cdots,n$, 则有

$$P(B_m\mid A)=\frac{P(B_m)P(A\mid B_m)}{\sum\limits_{i=1}^{n}P(B_i)P(A\mid B_i)}.$$

(三)事件的独立性

1. 事件的独立性

如果两个事件 A, B 满足等式 $P(AB)=P(A)P(B)$, 则称事件 A 与 B 是相互独立的.

如果三个事件 A, B, C 满足等式

$$\begin{cases}P(AB)=P(A)P(B),\\P(BC)=P(B)P(C),\\P(CA)=P(C)P(A),\\P(ABC)=P(A)P(B)P(C),\end{cases}$$

则称事件 A, B, C 相互独立.

2. 独立性的性质

(1)若事件 A, B 相互独立,且 $P(B)>0$, 则 $P(A\mid B)=P(A)$;

(2)若事件 A, B 相互独立,则下列三对事件: $\bar{A}$ 与 B, A 与 $\bar{B}$, $\bar{A}$ 与 $\bar{B}$ 也相互独立.

三、释 疑 解 难

1. 和事件与积事件有何差别?

以两个事件为例，A 与 B 的和事件 $A\cup B$ 由三部分样本点组成：A 发生 B 不发生 $A\bar{B}$，A 不发生 B 发生 $\bar{A}B$，A，B 同时发生 AB，即 $A\cup B=A\bar{B}\cup\bar{A}B\cup AB$；

A 与 B 的积事件 AB 表示 A，B 同时发生.

2. 德摩根公式表示什么意思?

以两个事件为例，A 与 B 发生与否共有 3 种情况：0 个事件发生 $\bar{A}\bar{B}$，1 个事件发生 $A\bar{B}\cup\bar{A}B$，2 个事件发生 AB.

德摩根公式：$\overline{A\cup B}=\bar{A}\cap\bar{B}$ 表示至少有一个事件发生的对立事件是两个事件都不发生；$\overline{A\cap B}=\bar{A}\cup\bar{B}$ 表示两个事件都发生的对立事件是至少有一个事件不发生.

3. “有放回抽取”与“无放回抽取”在概率计算中有何不同?

有放回抽取与无放回抽取由于抽取方式不同，导致试验的样本空间不同，对应的基本事件不同，所以计数公式不同，概率计算也不同.

例如：从 1 到 n 这 n 个数字中有放回抽取 m 个，共有 n^m 个基本事件；从 1 到 n 这 n 个数字中无放回抽取 m 个，共有 $n(n-1)\cdots(n-m+1)$ 个基本事件.

4. 如果随机试验不满足古典概型的两个条件，还能用古典概率吗?

古典概型指随机试验只有有限个基本事件，且每个基本事件发生的可能性相等. 古典概率只针对古典概型试验，事件 A 发生的概率为 A 所含基本事件的个数与基本事件总数之比. 如果不满足古典概型的两个条件，则不能用古典概率计算随机事件的概率.

5. 条件概率 $P(A\mid B)$ 与 $P(A)$ 有无大小区别?

条件概率 $P(A\mid B)$ 与 $P(A)$ 无确定的大小区别. 条件概率 $P(A\mid B)$ 指在事件 B 已经发生的条件下，事件 A 发生的概率；而 $P(A)$ 指事件 A 发生的概率，没有考虑事件 B 的影响.

6. 两个随机事件 A 与 B 互不相容、A 与 B 对立、A 与 B 相互独立这三个概念有何区别? 一般情况下，A 与 B 互不相容和 A 与 B 相互独立能否同时成立?

两个随机事件 A 与 B 互不相容表示 A 与 B 不能同时发生，同时发生是不可能事件，$AB=\varnothing$；

两个随机事件 A 与 B 对立表示 A 与 B 不能同时发生，但 A 与 B 的和事件为样本空间，$AB=\varnothing$，$A\cup B=\Omega$；

两个随机事件 A 与 B 相互独立表示 A 发生的概率与 B 发生与否没有关系，$P(A\mid B)=P(A)$.

A 与 B 互不相容和 A 与 B 相互独立可以同时成立，但是没有必然关系.

四、典型例题

例 1　甲乙两人向同一目标射击，设 $A=$｛甲命中目标，乙未命中目标｝，则其对立事件 $\bar{A}=$？

A. ｛甲未命中且乙命中｝　　B. ｛甲乙均未命中｝

C. ｛甲未命中｝　　D. ｛甲未命中或乙命中｝

解　甲乙两人射击，样本空间

$\Omega=\{\overline{\text{甲}}\,\overline{\text{乙}},\ \text{甲}\overline{\text{乙}},\ \overline{\text{甲}}\text{乙},\ \text{甲乙}\}$，$A$ 的对立事件 $\bar{A}=\{\overline{\text{甲}}\,\overline{\text{乙}},\ \overline{\text{甲}}\text{乙},\ \text{甲乙}\}$，

A,B,C 均不是 $\bar{A}$，

D 为｛甲未命中或乙命中｝$=\{\overline{\text{甲}}\,\overline{\text{乙}},\ \overline{\text{甲}}\text{乙}\}\cup\{\overline{\text{甲}}\text{乙},\ \text{甲乙}\}=\{\overline{\text{甲}}\,\overline{\text{乙}},\ \overline{\text{甲}}\text{乙},\ \text{甲乙}\}=\bar{A}$.

例 2　设 50 件产品中有 5 件是次品，其余的是合格品，从中任取 3 件，求选到的 3 件产品中有次品的概率.

解　法一　设

$A=$｛选到的 3 件产品中有次品｝，

$A_i=$｛选到的 3 件产品中有 i 件次品｝，　$i=1,2,3$，

则 A_1, A_2, A_3 互不相容，并且有 $A=A_1\cup A_2\cup A_3$，所以

$$\begin{aligned}P(A)&=P(A_1\cup A_2\cup A_3)\\&=P(A_1)+P(A_2)+P(A_3)\\&=\frac{C_5^1C_{45}^2}{C_{50}^3}+\frac{C_5^2C_{45}^1}{C_{50}^3}+\frac{C_5^3}{C_{50}^3}\\&\approx 0.2761.\end{aligned}$$

法二　考虑 A 的对立事件 $\bar{A}=$｛选到的 3 件产品中没有次品｝，所以 $P(A)=1-P(\bar{A})=1-\dfrac{C_{45}^3}{C_{50}^3}\approx 1-0.7239=0.2761$.

例 3　设事件 A,B 及 $A\cup B$ 的概率分别为 p,q 和 r，试求：$P(AB)$，$P(\bar{A}B)$，$P(A\bar{B})$，$P(\bar{A}\bar{B})$.

解　利用加法公式

$$P(AB)=P(A)+P(B)-P(A\cup B)=p+q-r;$$

根据概率的单调性

$$P(\bar{A}B)=P(B-A)=P(B\cup A)-P(A)=r-p.$$

同理

$$P(A\bar{B})=P(A-B)=P(A\cup B)-P(B)=r-q;$$

由德摩根公式

$$P(\bar{A}\bar{B})=P(\overline{A\cup B})=1-P(A\cup B)=1-r.$$

例 4 一个鸽场养了 n 只鸽子，每只鸽子都等可能地飞入 N 个鸽笼中的任意一个去住（$n\leqslant N$），求下列事件发生的概率.

(1) 指定的 n 个鸽笼各有一只鸽子去住；

(2) 恰好有 n 个鸽笼，每个各有一只鸽子.

解 这是古典概率问题，需要用到排列组合知识.

(1) 设 A={指定的 n 个鸽笼各有一只鸽子}，B={恰好有 n 个鸽笼，每个各有一只鸽子}，基本事件总数为 N^n，指定的 n 个鸽笼各有一只鸽子，有 $n!$ 种不同的住法，则

$$P(A)=\frac{n!}{N^n};$$

(2) 从 N 个鸽笼中任意选出 n 个，有 C_N^n 种不同的方法，选出的 n 个鸽笼各有一只鸽子，有 $n!$ 种不同的住法，则

$$P(A)=\frac{C_N^n\cdot n!}{N^n}.$$

例 5 某型号的显像管主要由三个厂家供货，甲、乙、丙三个厂家的产品分别占总产品和的 25%，50%，25%，甲、乙、丙三个厂的产品在规定时间内能正常工作的概率分别是 0.1，0.2，0.4，求：

(1) 一个随机选取的显像管能在规定时间内正常工作的概率；

(2) 这个随机选取的能正常工作的显像管是甲厂家供货的概率.

解 这是一道典型的利用全概率公式和贝叶斯公式的例题.

设 A ={能在规定时间内正常工作}，B_1 ={选取甲厂家的产品}，B_2 ={选取乙厂家的产品}，B_3 ={选取丙厂家的产品}，则

$$P(B_1)=0.25,\quad P(B_2)=0.5,\quad P(B_3)=0.25,$$

$$P(A\mid B_1)=0.1,\quad P(A\mid B_2)=0.2,\quad P(A\mid B_3)=0.4.$$

(1)由全概率公式：

$$\begin{aligned}P(A)&=P(B_1)P(A\mid B_1)+P(B_2)P(A\mid B_2)+P(B_3)P(A\mid B_3)\\&=0.25\times0.1+0.5\times0.2+0.25\times0.4=0.225;\end{aligned}$$

(2)由贝叶斯公式：

$$P(B_1 \mid A)=\frac{P(B_1)P(A \mid B_1)}{P(A)}=\frac{0.25\times 0.1}{0.225}=0.111.$$

例 6　在一个盒子中装有 15 个乒乓球，其中有 9 个新球，在第一次比赛时任意取出三个球，比赛后仍放回原盒中，第二次比赛时，同样任意地取出三个球，求第二次取出三个新球的概率.

解　设 $B=\{$第二次取出 3 个新球$\}$. 可以看出，直接确定 B 的概率 $P(B)$ 是很困难的，原因是，第一次比赛之后，12 个乒乓球中的新、旧球的分布情况不清楚；而一旦新旧球的分布情况明确了，那么相应的概率也容易求得. 为此，设 $A_i=\{$第一次取到的 3 个球中有 i 个新球$\}$，$i=0,1,2,3$. 容易判断 A_0,A_1,A_2,A_3 构成一个有限划分. 由于 $P(A_i)=\frac{C_9^iC_6^{3-i}}{C_{15}^3}$，$i=0,1,2,3$，又 $P(B \mid A_i)=\frac{C_{9-i}^3}{C_{15}^3}$，$i=0,1,2,3$.

由全概率公式，得

$$\begin{aligned}P(B)&=\sum_{i=0}^{3}P(A_i)P(B \mid A_i)=\sum_{i=0}^{3}\frac{C_9^iC_6^{3-i}C_{9-i}^3}{(C_{15}^3)^2}\\&=\frac{1680+7560+7560+1680}{207025}\\&\approx 0.0893.\end{aligned}$$

例 7　n 个朋友随机地围绕圆桌而坐，求其中甲乙二人坐在一起(相邻)的概率.

解　法一　n 个朋友随机地围绕圆桌而坐，共有 $(n-1)!$ 种不同的坐法，甲乙二人坐在一起有 $2\times(n-2)!$ 种坐法，则甲乙二人坐在一起的概率为

$$p=\frac{2\times(n-2)!}{(n-1)!}=\frac{2}{n-1}.$$

法二　设甲已经坐好，考虑乙的坐法. 乙的每一种可能坐法对应一个基本事件，共有 $n-1$ 种可能；甲乙坐在一起有两种坐法，则甲乙二人坐在一起的概率为

$$p=\frac{2}{n-1}.$$

例 8　某人做一次试验获得成功的概率仅为 0.2，他持之以恒，不断重复试验，求他做 10 次试验至少成功一次的概率？做 20 次又怎样呢？

解　设他做 k 次试验至少成功一次的概率为 p_k，

$$A_k=\{\text{第 } k \text{ 次试验成功}\},\quad k=1,2,\cdots.$$

$$\begin{aligned}p_{10}&=P(A_1\cup A_2\cup\cdots\cup A_{10})=1-P(\bar{A}_1)P(\bar{A}_2)\cdots P(\bar{A}_{10})\\&=1-(1-0.2)^{10}\approx 0.8926;\end{aligned}$$

$$\begin{aligned}p_{20}&=P(A_1\cup A_2\cup\cdots\cup A_{20})=1-P(\bar{A}_1)P(\bar{A}_2)\cdots P(\bar{A}_{20})\\&=1-(1-0.2)^{20}\approx 0.9885.\end{aligned}$$

一般地，将试验 E 重复进行 k 次，每次试验中 A 出现的概率为 $p(0<p<1)$，则 A 至少出现一次的概率为

$$p_k = 1-(1-p)^k,$$

则

$$\lim_{k\to\infty}p_k = \lim_{k\to\infty}[1-(1-p)^k] = 1.$$

例 9（系统的可靠性问题）　设有 4 个元件，每个元件在单位时间内能正常工作的概率均为 0.9，且各元件能否正常工作是相互独立的，试求下面系统能正常工作的概率.

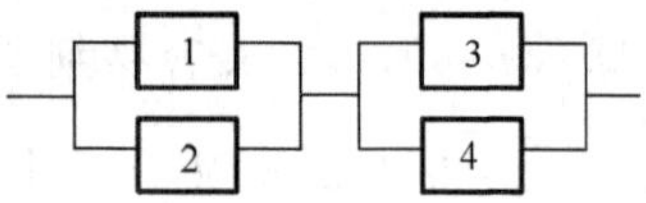

解　设 $A_k=\{$第 k 个元件能正常工作$\}$，$k=1,2,3,4$，$A=\{$整个系统能正常工作$\}=\{(A_1\cup A_2)(A_3\cup A_4)\}$，$A_1$ A_2 A_3 A_4 相互独立，则 $(A_1\cup A_2)$ 与 $(A_3\cup A_4)$ 也相互独立，系统正常工作的概率为

$$\begin{aligned}P(A) &= P\{(A_1\cup A_2)(A_3\cup A_4)\} = P(A_1\cup A_2)P(A_3\cup A_4)\\ &= [1-P(\bar{A}_1)P(\bar{A}_2)][1-P(\bar{A}_3)P(\bar{A}_4)]\\ &= [1-(1-0.9)^2]^2 = 0.9801.\end{aligned}$$

五、习 题 解 答

1. 写出下列随机试验的样本空间：

(1) 观察某商场某日开门半小时后场内的顾客数；

(2) 生产某种产品直至得到 10 件正品为止，记录生产产品的总件数；

(3) 讨论某地区气温；

(4) 已知某批产品中有一、二、三等品及不合格品，从中任取一件观察其等级；

(5) 一口袋中装有 2 只红球、3 只白球. 从中任取 2 球，不计顺序，观察其结果.

解　(1) 观察某商场某日开门半小时后场内的顾客数：$\Omega=\{x \mid x\geqslant 0, x\in \mathbf{Z}\}$；

(2) 生产某种产品直至得到 10 件正品为止，记录生产产品的总件数：$\Omega=\{10,11,12,\cdots\}$；

(3) 讨论某地区气温：$\Omega=\{t \mid -\infty<t<+\infty\}$；

(4) 已知某批产品中有一、二、三等品及不合格品，从中任取一件观察其等级：

$$\Omega=\{\text{一等品、二等品、三等品、不合格品}\};$$

(5) 一口袋中装有 2 只红球、3 只白球. 从中任取 2 球，不计顺序，观察其结果：

$$\Omega=\{2\text{ 只红球、}2\text{ 只白球、}1\text{ 只红球 }1\text{ 只白球}\}.$$

2. 设 A,B,C 是某一试验的三个事件，用 A,B,C 的运算关系表示下列事件：

(1) A,B,C 都发生；

(2) A,B,C 都不发生；

(3) A 与 B 发生，而 C 不发生；

(4) A 发生，而 B 与 C 不发生；

(5) A,B,C 中至少有一个发生；

(6) A,B,C 中至多有一个发生；

(7) A,B,C 中恰有两个发生；

(8) A,B,C 中至多有两个发生；

(9) A 与 B 都不发生；

(10) A 与 B 不都发生.

解　(1) A,B,C 都发生：ABC；

(2) A,B,C 都不发生：$\bar{A}\bar{B}\bar{C}$；

(3) A 与 B 发生，而 C 不发生：$AB\bar{C}$；

(4) A 发生，而 B 与 C 不发生：$A\bar{B}\bar{C}$；

(5) A,B,C 中至少有一个发生：$A\cup B\cup C$；

(6) A,B,C 中至多有一个发生：

$$\bar{A}\bar{B}\bar{C}\cup A\bar{B}\bar{C}\cup\bar{A}B\bar{C}\cup\bar{A}\bar{B}C \text{ 或 } \overline{AB\cup BC\cup AC}；$$

(7) A,B,C 中恰有两个发生：$AB\bar{C}\cup A\bar{B}C\cup\bar{A}BC$；

(8) A,B,C 中至多有两个发生：

$$\bar{A}\bar{B}\bar{C}\cup A\bar{B}\bar{C}\cup\bar{A}B\bar{C}\cup\bar{A}\bar{B}C\cup AB\bar{C}\cup A\bar{B}C\cup\bar{A}BC \text{ 或 } \overline{ABC}；$$

(9) A 与 B 都不发生：$\bar{A}\bar{B}$；

(10) A 与 B 不都发生：$A\bar{B}\cup\bar{A}B$.

3. 甲、乙、丙三人各进行一次试验，事件 A_1,A_2,A_3 分别表示甲、乙、丙试验成功，说明下列事件所表示的试验结果：

$$\bar{A}_1,\ A_1\cup A_2,\ \overline{A_2A_3},\ \overline{A_2}\cup\overline{A_3},\ A_1A_2A_3,\quad A_1A_2\cup A_2A_3\cup A_1A_3.$$

解　$\bar{A}_1$ 表示甲的试验不成功；

$A_1\cup A_2$ 表示甲和乙的试验至少成功一次；

$\overline{A_2A_3}=\overline{A_2}\cup\overline{A_3}$ 表示乙和丙的试验至少有一个不成功；

$A_1A_2A_3$ 表示甲、乙、丙三人的试验都成功；

$A_1A_2 \cup A_2A_3 \cup A_1A_3$ 表示甲、乙、丙三人中至少有两人的试验成功.

4. 设 A, B 为两个事件，指出下列等式中哪些成立，哪些不成立？

(1) $A \cup B = A\bar{B} \cup B$；

(2) $A - B = A\bar{B}$；

(3) $(AB)(A\bar{B}) = \varnothing$；

(4) $(A-B) \cup B = A$.

解 (1) $A \cup B = A\bar{B} \cup B$：成立，由分配律

$$A\bar{B} \cup B = (A \cup B)(\bar{B} \cup B) = (A \cup B)\Omega = A \cup B;$$

(2) $A - B = A\bar{B}$：成立，由差事件的定义知 $A-B$ 表示 A 发生而同时 B 不发生，即 $A\bar{B}$；

(3) $(AB)(A\bar{B}) = \varnothing$：成立，因为 $(AB)(A\bar{B}) = A(B\bar{B}) = A\varnothing = \varnothing$；

(4) $(A-B) \cup B = A$：不成立，因为

$$(A-B) \cup B = A\bar{B} \cup B = (A \cup B)(\bar{B} \cup B) = (A \cup B)\Omega = A \cup B.$$

5. 把 10 本书任意放在书架的一排上，求其中指定的三本书放在一起的概率.

解 10 本书任意排成一排共有 10! 个基本事件，指定的三本书放在一起有 3! 8! 个基本事件，由古典概率知

$$p = \frac{3!8!}{10!} = \frac{1}{15}.$$

6. 10 个产品中有 7 个正品、3 个次品，

(1) 不放回地取 3 次，每次一个，求取到 3 个次品的概率；

(2) 有放回地取 3 次，每次一个，求取到 3 个次品的概率.

解 (1) 不放回地抽取，用组合计算，基本事件总数为 C_{10}^3，取到 3 个次品有 C_3^3 个基本事件，由古典概率知 $p = \frac{C_3^3}{C_{10}^3} = \frac{1}{120}$；

(2)有放回地抽取，基本事件总数为 10^3，取到 3 个次品有 3^3 个基本事件，由古典概率知 $p = \frac{3^3}{10^3} = \frac{27}{1000}$.

7. 盒子中有 12 粒围棋子，其中 8 粒白子 4 粒黑子，从中任取 3 粒，求：

(1) 取到的都是白子的概率；

(2) 取到两粒白子一粒黑子的概率；

(3) 至少取到一粒黑子的概率；

(4) 取到 3 粒颜色相同棋子的概率.

解　(1) $p=\frac{C_8^3}{C_{12}^3}=\frac{14}{55}$;

(2) $p=\frac{C_8^2C_4^1}{C_{12}^3}=\frac{28}{55}$;

(3) {至少取到一粒黑子}的对立事件为{取得的都是白子},则

$$p=1-\frac{C_8^3}{C_{12}^3}=\frac{41}{55};$$

(4) {取到 3 粒颜色相同棋子}包括{取到 3 粒白子}和{取到 3 粒黑子}两种情况,则

$$p=\frac{C_8^3}{C_{12}^3}+\frac{C_4^3}{C_{12}^3}=\frac{15}{55}.$$

8. 若 $P(A)=0.6$, $P(A\cup B)=0.8$, $P(AB)=0.1$, 求 $P(\bar{B})$, $P(A-B)$.

解　由概率加法公式 $P(A\cup B)=P(A)+P(B)-P(AB)$, 得 $P(B)=0.3$, 则 $P(\bar{B})=1-P(B)=1-0.3=0.7$;

$P(A-B)=P(A\cup B)-P(B)=0.5$ 或 $P(A-B)=P(A)-P(AB)=0.5$.

9. 设 A, B, C 是三个事件,且

$$P(A)=P(B)=P(C)=\frac{1}{4},\quad P(AB)=P(BC)=0,\quad P(AC)=\frac{1}{8},$$

求 A, B, C 至少有一个发生的概率.

解　因为 $P(AB)=P(BC)=0$, 所以 $P(ABC)=0$, 则

$$\begin{aligned}P(A\cup B\cup C)=&P(A)+P(B)+P(C)\\&-P(AB)-P(AC)-P(BC)+P(ABC)\\=&\frac{3}{4}-\frac{1}{8}+0=\frac{5}{8}.\end{aligned}$$

10. 设事件 A, B 互不相容, $P(A)=p$, $P(B)=q$, 计算 $P(\bar{A}B)$.

解　因为事件 A, B 互不相容,则 $P(\bar{A}B)=P(B)=q$.

11. 设 $P(A)=0.5$, $P(A\bar{B})=0.3$, 求 $P(B\mid A)$.

解　$P(A\bar{B})=P(A)-P(AB)=0.3$, 得 $P(AB)=0.2$, 则

$$P(B\mid A)=\frac{P(AB)}{P(A)}=\frac{0.2}{0.5}=0.4.$$

12. 设 $P(A)=\frac{1}{4}$, $P(B\mid A)=\frac{1}{3}$, $P(A\mid B)=\frac{1}{2}$, 求 $P(A\cup B)$.

解　由 $P(B\mid A)=\frac{P(AB)}{P(A)}=\frac{1}{3}$, 得

$$P(AB)=\frac{1}{12};$$

由 $P(A \mid B) = \dfrac{P(AB)}{P(B)} = \dfrac{1}{2}$，得

$$P(B) = \frac{1}{6}.$$

因此

$$\begin{aligned}P(A \cup B) &= P(A) + P(B) - P(AB) \\ &= \frac{1}{4} + \frac{1}{6} - \frac{1}{12} \\ &= \frac{1}{3}.\end{aligned}$$

13. 设某种动物活到 20 岁的概率为 0.8，活到 25 岁的概率为 0.4，问年龄为 20 岁的这种动物活到 25 岁的概率为多少?

解 设 $A = \{$该动物活到 20 岁$\}$，$B = \{$该动物活到 25 岁$\}$，$P(A) = 0.8$，$P(B) = 0.4$，则年龄为 20 岁的该动物活到 25 岁的概率为

$$P(B \mid A) = \frac{P(AB)}{P(A)} = \frac{P(B)}{P(A)} = \frac{0.4}{0.8} = 0.5.$$

14. 在甲、乙、丙三个袋子中，甲袋中有 2 个白球 1 个黑球，乙袋中有 1 个白球 2 个黑球，丙袋中有 2 个白球 2 个黑球，现随机选出一个袋子再从袋中取一球，问取出的球是白球的概率.

解 设 $B_i = \{$选中第 i 个袋子$\}$，$i =$ 甲，乙，丙，$A = \{$取到白球$\}$，

$$P(B_1) = P(B_2) = P(B_3) = \frac{1}{3},$$

$$P(A \mid B_1) = \frac{2}{3},$$

$$P(A \mid B_2) = \frac{1}{3},$$

$$P(A \mid B_3) = \frac{2}{4},$$

由全概率公式，取到白球的概率为

$$P(A) = \sum_{i=1}^{3} P(B_i)P(A \mid B_i) = \frac{1}{3} \times \frac{2}{3} + \frac{1}{3} \times \frac{1}{3} + \frac{1}{3} \times \frac{2}{4} = 0.5.$$

15. 某保险公司把被保险人分成三类:“谨慎的”“一般的”“冒失的”，他们在被保险人中依次占 20%，50%，30%. 统计资料表明，上述三种人在一年内发生事故的概率分别为 0.05，0.15 和 0.30. 现有某被保险人在一年内出事故了，求其是“谨慎的”客户的概率.

解 设 $B_1 = \{$谨慎的$\}$，$B_2 = \{$一般的$\}$，$B_3 = \{$冒失的$\}$，$A = \{$出事故$\}$，则

$$P(B_1) = 0.2,\quad P(B_2) = 0.5,\quad P(B_3) = 0.3,$$

$$P(A \mid B_1) = 0.05,\quad P(A \mid B_2) = 0.15,\quad P(A \mid B_3) = 0.3,$$

由贝叶斯公式，某被保险人在一年内出事故了，其是“谨慎的”客户的概率为

$$P(B_1 \mid A) = \frac{P(B_1)P(A \mid B_1)}{P(A)} = \frac{P(B_1)P(A \mid B_1)}{\sum_{i=1}^{3} P(B_i)P(A \mid B_i)}$$

$$= \frac{0.2 \times 0.05}{0.2 \times 0.05 + 0.5 \times 0.15 + 0.3 \times 0.3} = \frac{2}{35}.$$

16. 已知男性中有5%是色盲患者，女性中有0.25%是色盲患者，今从男女人数相等的人群中随机地挑选一人，恰好是色盲患者，问此人是男性的概率是多少？

解　设 $B = \{男性\}$，$\bar{B} = \{女性\}$，$A = \{色盲患者\}$，则

$$P(B) = 0.5,\quad P(\bar{B}) = 0.5,\quad P(A \mid B) = 0.05,\quad P(A \mid \bar{B}) = 0.0025,$$

由贝叶斯公式，随机地挑选一名色盲患者是男性的概率为

$$P(B \mid A) = \frac{P(B)P(A \mid B)}{P(A)} = \frac{P(B)P(A \mid B)}{P(B)P(A \mid B) + P(\bar{B})P(A \mid \bar{B})}$$

$$= \frac{0.5 \times 0.05}{0.5 \times 0.05 + 0.5 \times 0.0025} = \frac{20}{21}.$$

17. 有位朋友从远方来，他乘火车、轮船、汽车、飞机来的概率分别是0.3，0.2，0.1，0.4. 如果他乘火车、轮船、汽车来的话，迟到的概率分别是 $\frac{1}{4}$，$\frac{1}{3}$，$\frac{1}{12}$，而乘飞机则不会迟到. 求

(1) 他迟到的概率为多少？

(2) 他迟到了，问他是乘火车来的概率是多少？

解　设 $B_1 = \{乘火车\}$，$B_2 = \{乘轮船\}$，$B_3 = \{乘汽车\}$，$A = \{迟到\}$，则

$$P(B_1) = 0.3,\quad P(B_2) = 0.2,\quad P(B_3) = 0.1,$$

$$P(A \mid B_1) = \frac{1}{4},\quad P(A \mid B_2) = \frac{1}{3},\quad P(A \mid B_3) = \frac{1}{12},$$

(1) 由全概率公式，迟到的概率为

$$P(A) = \sum_{1}^{3} P(B_i)P(A \mid B_i)$$

$$= 0.3 \times \frac{1}{4} + 0.2 \times \frac{1}{3} + 0.1 \times \frac{1}{12} = 0.15.$$

(2) 由贝叶斯公式，他迟到了，他是乘火车来的概率为

$$P(B_1 \mid A) = \frac{P(B_1)P(A \mid B_1)}{P(A)} = \frac{0.3 \times \frac{1}{4}}{0.15} = 0.5.$$

18. 设事件 A 与 B 相互独立，$P(A)=0.3$，$P(B)=0.4$，计算 $P(A\cup B)$，$P(AB)$.

解 $P(A\cup B)=P(A)+P(B)-P(A)P(B)=0.3+0.4-0.3\times0.4=0.58$，或

$$P(A\cup B)=1-P(\bar{A}\bar{B})=1-P(\bar{A})P(\bar{B})=1-0.7\times0.6=0.58,$$
$$P(AB)=P(A)P(B)=0.3\times0.4=0.12.$$

19. 设 $P(A)=0.4$，$P(A\cup B)=0.7$，

(1) 若事件 A,B 互不相容，计算 $P(B)$；

(2) 若事件 A,B 相互独立，计算 $P(B)$；

(3) 若事件 $A\subset B$，计算 $P(B)$.

解 (1) 若事件 A,B 互不相容，$P(A\cup B)=P(A)+P(B)$，则 $P(B)=0.3$；

(2) 若事件 A,B 相互独立，$P(A\cup B)=P(A)+P(B)-P(A)P(B)$，得 $P(B)=0.5$，或 $P(A\cup B)=1-P(\bar{A}\,\bar{B})=1-P(\bar{A})P(\bar{B})$，得 $P(\bar{B})=0.5$，则 $P(B)=0.5$；

(3) 若事件 $A\subset B$，$P(B)=P(A\cup B)=0.7$.

20. 3 人独立地破译一密码，已知他们能破译的概率分别为 $\frac{1}{4},\frac{1}{3},\frac{1}{5}$，求三人中至少有一人能将密码破译的概率.

解 设 $A_i=\{$第 i 个人破译密码$\}$，$i=1,2,3$，$P(A_1)=\frac{1}{4}$，$P(A_2)=\frac{1}{3}$，$P(A_3)=\frac{1}{5}$，$A_1\ A_2\ A_3$ 相互独立，则至少有一人能将密码破译的概率为

$$\begin{aligned}P(A_1\cup A_2\cup A_3)&=1-P(\bar{A}_1\bar{A}_2\bar{A}_3)\\&=1-P(\bar{A}_1)P(\bar{A}_2)P(\bar{A}_3)\\&=1-\frac{3}{4}\cdot\frac{2}{3}\cdot\frac{4}{5}\\&=\frac{3}{5}.\end{aligned}$$

21. 某学生宿舍有 6 名学生，问：

(1) 6 人生日都在星期天的概率是多少？

(2) 6 人生日都不在星期天的概率是多少？

(3) 6 人生日不都在星期天的概率是多少？

解 6 名学生的生日在哪天是相互独立的事件，生日在星期天的概率为 $\frac{1}{7}$，

(1) 6 人生日都在星期天的概率为 $p_1=\left(\frac{1}{7}\right)^6$；

(2) 6 人生日都不在星期天的概率为 $p_2 = \left(\frac{6}{7}\right)^6$；

(3) 6 人生日不都在星期天的概率为 $p_3 = 1 - \left(\frac{1}{7}\right)^6$.

22. 某工人同时看管三台机器，在一小时内，这三台机器需要看管的概率分别为 0.2，0.3，0.1，假设这三台机器是否需要看管是相互独立的，试求在一小时内：

(1)三台机器都不需要看管的概率；

(2)至少有一台机器需要看管的概率；

(3)至多有一台机器需要看管的概率.

解　设 $A_i = \{$第 i 台机器需要看管$\}$，$i = 1,2,3$，$P(A_1) = 0.2$，$P(A_2) = 0.3$，$P(A_3) = 0.1$，$A_1\ A_2\ A_3$ 相互独立.

(1) 三台机器都不需要看管的概率为

$$\begin{aligned} p_1 &= P(\bar{A}_1\bar{A}_2\bar{A}_3) = P(\bar{A}_1)P(\bar{A}_2)P(\bar{A}_3) \\ &= 0.8 \times 0.7 \times 0.9 = 0.504; \end{aligned}$$

(2) 至少有一台机器需要看管的概率为

$$\begin{aligned} p_2 &= 1 - P(\bar{A}_1\bar{A}_2\bar{A}_3) = 1 - P(\bar{A}_1)P(\bar{A}_2)P(\bar{A}_3) \\ &= 1 - 0.8 \times 0.7 \times 0.9 = 0.496; \end{aligned}$$

(3) 至多有一台机器需要看管的概率为

$$\begin{aligned} p_3 &= P(\bar{A}_1\bar{A}_2\bar{A}_3) + P(A_1\bar{A}_2\bar{A}_3) + P(\bar{A}_1A_2\bar{A}_3) + P(\bar{A}_1\bar{A}_2A_3) \\ &= P(\bar{A}_1)P(\bar{A}_2)P(\bar{A}_3) + P(A_1)P(\bar{A}_2)P(\bar{A}_3) + \\ &\quad P(\bar{A}_1)P(A_2)P(\bar{A}_3) + P(\bar{A}_1)P(\bar{A}_2)P(A_3) \\ &= 0.8 \times 0.7 \times 0.9 + 0.2 \times 0.7 \times 0.9 + \\ &\quad 0.8 \times 0.3 \times 0.9 + 0.8 \times 0.7 \times 0.1 \\ &= 0.902. \end{aligned}$$

23. 某产品的生产过程要经过三道相互独立的工序. 已知第一道工序的次品率为 3%，第二道工序的次品率为 5%，第三道工序的次品率为 2%，问该种产品的次品率是多大?

解　设 $A_i = \{$第 i 道工序出现次品$\}$，$i = 1,2,3$，$P(A_1) = 0.03$，$P(A_2) = 0.05$，$P(A_3) = 0.02$，$A_1\ A_2\ A_3$ 相互独立.

三道工序中至少一道工序出现次品，则该产品为次品，则次品率为

$$\begin{aligned} P(A_1 \cup A_2 \cup A_3) &= 1 - P(\bar{A}_1\bar{A}_2\bar{A}_3) = 1 - P(\bar{A}_1)P(\bar{A}_2)P(\bar{A}_3) \\ &= 1 - 0.97 \times 0.95 \times 0.98 = 0.09693. \end{aligned}$$

24. 电路由电池 A 和两个并联的电池 B 和 C 串联而成，三个电池工作相互独立. 设电池 A，B，C 损坏的概率分别是 0.3，0.2，0.2. 求电路发生断电的概率.

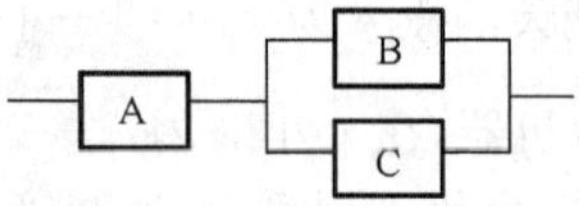

解　设 $A=\{$电池 A 损坏$\}$，$B=\{$电池 B 损坏$\}$，$C=\{$电池 C 损坏$\}$，$P(A)=0.3$，$P(B)=0.2$，$P(C)=0.2$，ABC 相互独立，则电路发生断电的概率为

$$
\begin{aligned}
p&=P(A(B\cup C))=P(AB\cup AC)=P(AB)+P(AC)-P(ABC)\\
&=P(A)P(B)+P(A)P(C)-P(A)P(B)P(C)\\
&=0.3\times0.2+0.3\times0.2-0.3\times0.2\times0.2=0.108.
\end{aligned}
$$

第 2 章　随机变量及其分布

一、基 本 要 求

1. 了解随机变量的概念，理解随机变量的分布函数的概念.

2. 掌握离散型及其分布律的定义和性质.

3. 掌握连续型随机变量及其概率密度的定义和性质.

4. 熟知二项分布、泊松分布、均匀分布、指数分布和正态分布的概率分布及其性质.

5. 会求随机变量的函数的分布.

二、内 容 提 要

(一)随机变量及其分布函数

1. 随机变量

设 E 是随机试验，它的样本空间为 Ω，对 Ω 中的每一个样本点 ω，有且仅有一个实数 $X(\omega)$ 与之对应，且对于任意实数 x，$\{X \leqslant x\}$ 都有确定的概率，则称 X 为定义在 Ω 上的随机变量.

2. 分布函数

设 X 为一随机变量，对任意 $x \in \mathbf{R}$，称函数 $F(x) = P\{X \leqslant x\}$ 为随机变量 X 的分布函数.

(1) 分布函数的定义域为 $(-\infty, +\infty)$ 上，值域为$[0,1]$.

(2) 分布函数 $F(x)$ 的函数值表示随机变量 X 落在区间 $(-\infty, x]$ 内的概率.

定理 2.1　设 $F(x)$ 为随机变量 X 的分布函数，则

(1) $F(x)$ 是单调不降函数，即当 $x_1 < x_2$ 时，有 $F(x_1) \leqslant F(x_2)$；

(2) $0 \leqslant F(x) \leqslant 1$，且 $\lim\limits_{x \to -\infty} F(x) = 0$，$\lim\limits_{x \to +\infty} F(x) = 1$；

(3) $F(x)$ 是右连续函数，即 $F(x_0 + 0) = \lim\limits_{x \to x_0^+} F(x) = F(x_0)$.

(二)离散型随机变量

1. 离散型随机变量

如果随机变量 X 取有限个值 $x_1,x_2,\cdots,x_n$，或可列无穷多个值 $x_1,x_2,\cdots,x_n,\cdots$，则称 X 为离散型随机变量.

2. 离散型随机变量的分布律

离散型随机变量 X 的分布律为 $P\{X=x_i\}=p_i(i=1,2,3,\cdots)$ 或下列表格形式:

X	x_1	x_2	$\cdots$	x_n	$\cdots$
P	p_1	p_2	$\cdots$	p_n	$\cdots$

离散型随机变量的分布律满足下列两条基本性质:

(1) $p_i\geqslant 0,\ i=1,2,\cdots$;

(2) $\sum\limits_{i=1}^{\infty}p_i=1$.

离散型随机变量的分布函数为

$$F(x)=P\{X\leqslant x\}=\sum_{x_i\leqslant x}P\{X=x_i\}.$$

3. 两点分布

一次伯努利试验中，X 表示事件 A 发生的次数，则

$$X=\begin{cases}1, & A\text{发生},\\ 0, & A\text{不发生}.\end{cases}$$

事件 A 在每次试验中发生的概率为 $p(0<p<1)$，则 X 的分布律为

X	0	1
P	$1-p$	p

或

$$P\{X=x\}=p^x(1-p)^{1-x},\quad x=0,1,$$

称 X 服从两点分布，也称为 0-1 分布.

4. 二项分布

n 重伯努利试验，事件 A 在每次试验中发生的概率为 p，$0<p<1$. X 表示 n 次试验中事件 A 发生的次数，则 X 的分布律为

$$P_n(k) = P\{X = k\} = C_n^k p^k (1-p)^{n-k}, \quad k = 0,1,2,\cdots,n,$$

称 X 服从参数为 n，p 的二项分布，记为 $X \sim B(n,p)$.

二项分布研究的是 n 重伯努利试验中，事件 A 发生的次数的分布律，两点分布研究的是一次伯努利试验中 A 发生的次数的分布律，则两点分布也可记为 $X \sim B(1,p)$；同时二项分布的随机变量可以看成 n 个两点分布随机变量的和，即已知 $X_i \sim B(1,p)$，$i = 1,2,3,\cdots,n$. 则 $X = \sum\limits_{i=1}^{n} X_i \sim B(n,p)$.

5. 泊松分布

n 重伯努利试验，事件 A 在每次试验中发生的概率为 p，$0<p<1$. X 表示 n 次试验中事件 A 发生的次数，当 n 比较大 p 比较小时，X 的分布律为

$$P\{X = k\} = \frac{\lambda^k}{k!}e^{-\lambda}, \quad k = 0,1,2,\cdots; \lambda > 0,$$

称 X 服从参数为 λ 的泊松分布，记为 $X \sim P(\lambda)$，其中 $\lambda = np$.

泊松分布是二项分布的极限分布，当 n 比较大 p 比较小时，

$$P\{X = k\} = C_n^k p^k (1-p)^{n-k} \approx \frac{\lambda^k}{k!}e^{-\lambda}.$$

(三)连续型随机变量及其概率密度

1. 概率密度函数

设 $F(x)$ 是随机变量 X 的分布函数，如果存在非负可积函数 $f(x)$，使得对于任意实数 x，有

$$F(x) = P\{X \leqslant x\} = \int_{-\infty}^{x} f(t)\,dt,$$

则称 X 为连续型随机变量，$f(x)$ 为 X 的概率密度.

2. 概率密度函数的性质

(1) $f(x) \geqslant 0$；

(2) $\int_{-\infty}^{+\infty} f(x)\mathrm{d}x = 1$；

(3) 在 $f(x)$ 的连续点处，有 $F'(x) = f(x)$；

(4) $P\{x_1 < X \leqslant x_2\} = F(x_2) - F(x_1) = \int_{x_1}^{x_2} f(x)\mathrm{d}x$；

(5) 对任意实数 x_0，有 $P\{X = x_0\} = 0$；

(6) 连续型随机变量 X 的分布函数 $F(x)$ 在 $(-\infty,\infty)$ 上连续.

3. 均匀分布

设连续型随机变量 X 具有概率密度

$$f(x) = \begin{cases} \dfrac{1}{b-a}, & a < x < b, \\ 0, & \text{其他}, \end{cases}$$

则称 X 在区间 $[a,b]$ 上服从均匀分布，记为 $X \sim U[a,b]$.

4. 指数分布

设连续型随机变量 X 具有概率密度

$$f(x) = \begin{cases} \lambda \mathrm{e}^{-\lambda x}, & x > 0, \\ 0, & x \leqslant 0, \end{cases}$$

其中 $\lambda > 0$ 为常数，则称 X 服从参数为 λ 的指数分布，记为 $X \sim \mathrm{Exp}(\lambda)$.

5. 正态分布

设连续型随机变量 X 具有概率密度

$$f(x) = \frac{1}{\sigma\sqrt{2\pi}}\mathrm{e}^{-\frac{(x-\mu)^2}{2\sigma^2}}, \quad x \in \mathbf{R},$$

其中 μ, σ 都是常数，$\sigma > 0$，则称 X 服从参数为 μ, σ^2 的正态分布，记为 $X \sim N(\mu,\sigma^2)$.

特别地，当 $\mu = 0, \sigma = 1$ 时，称 X 服从标准正态分布，记为 $X \sim N(0,1)$，其概率密度为

$$\varphi(x) = \frac{1}{\sqrt{2\pi}}\mathrm{e}^{-\frac{x^2}{2}}, \quad x \in \mathbf{R},$$

6. 正态分布的计算

正态分布随机变量的概率计算都可以转化为标准正态分布随机变量的概率计算.

(1) 若 $X \sim N(0,1)$，利用 $\Phi(x)$ 的对称性，有 $\Phi(-x) = 1 - \Phi(x)$；

(2) 若 $X \sim N(0,1)$，则

$$P\{a < X \leqslant b\} = \Phi(b) - \Phi(a),$$

$$P\{X \leqslant b\} = \Phi(b),$$

$$P\{X > a\} = 1 - \Phi(a).$$

(3) 若 $X \sim N(\mu,\sigma^2)$，

$$P\{a < X \leqslant b\} = \Phi\left(\frac{b-\mu}{\sigma}\right) - \Phi\left(\frac{a-\mu}{\sigma}\right);$$

$$P\{X > a\} = 1 - \Phi\left(\frac{a-\mu}{\sigma}\right).$$

(四)随机变量函数的分布

1. 离散型随机变量函数的分布

设离散型随机变量 X 的分布律为

$$P\{X = x_i\} = p_i,\quad i = 1,2,\cdots.$$

若它的函数 $Y = g(X)$ 仍是离散型随机变量，则其分布律为

$$P\{Y = y_j\} = P\{g(X) = y_j\} = \sum_{x_k \in S_j} P\{X = x_k\},$$

其中 $S_j = \{x_k : g(x_k) = y_j\}$.

如果离散型随机变量 X 的分布律为

X	x_1	x_2	x_3	x_4	x_5
P	p_1	p_2	p_3	p_4	p_5

则 $Y=g(X)$的分布律为

$Y = g(X)$	$g(x_1)$	$g(x_2)$	$g(x_3)$	$g(x_4)$	$g(x_5)$
P	p_1	p_2	p_3	p_4	p_5

若 $g(x_i)$中有值相同的，应将相应的 p_i 合并.

2. 连续型随机变量函数的分布

基本方法：先求随机变量 X 的函数 $Y=g(X)$ 的分布函数，再求其概率密度.

设连续型随机变量 X 的概率密度为 $f_X(x)$，$(-\infty<x<+\infty)$，若它的函数 $Y=g(X)$ 仍是连续型随机变量，$Y=g(X)$ 的分布函数为

$$F_Y(y)=P\{Y\leqslant y\}=P\{g(X)\leqslant y\}=\int\limits_{\{x:g(x)\leqslant y\}} f_X(x)\mathrm{d}x,$$

概率密度为

$$f_Y(y)=\begin{cases}F'_Y(y), & \text{在 } f_Y(y) \text{ 的连续点},\\ 0, & \text{其他}.\end{cases}$$

利用定理：函数 $y=g(x)$ 处处可导，且严格单调，则 $Y=g(X)$ 的概率密度为

$$f_Y(y)=\begin{cases}f_X[g^{-1}(y)]\cdot|g^{-1}(y)|', & \alpha<y<\beta,\\ 0, & \text{其他}.\end{cases}$$

其中 $\alpha=\min\{g(-\infty),g(+\infty)\}$，$\beta=\max\{g(-\infty),g(+\infty)\}$.

三、释 疑 解 难

1. 二项分布和泊松分布有什么关系？举例说明现实中哪些随机变量可以用泊松分布描述.

设随机变量 $X_n(n=1,2,3,\cdots)$ 服从二项分布 $X_n\sim B(n,p_n)$，

$$P\{X_n=k\}=C_n^k p_n^k(1-p_n)^{n-k}\quad(k=0,1,2,\cdots,n),$$

如果 $\lim\limits_{n\to\infty}np_n=\lambda$，则

$$\begin{aligned}\lim_{n\to\infty}P\{X_n=k\}&=\lim_{n\to\infty}C_n^k p_n^k(1-p_n)^{n-k}\\&=\lim_{n\to\infty}\frac{n(n-1)\cdots(n-k+1)}{k!}\left(\frac{\lambda}{n}\right)^k\left(1-\frac{\lambda}{n}\right)^{n-k}\\&=\lim_{n\to\infty}\frac{\lambda^k}{k!}\left(1-\frac{1}{n}\right)\left(1-\frac{2}{n}\right)\cdots\left(1-\frac{k-1}{n}\right)\left(1-\frac{\lambda}{n}\right)^{n-k}\\&=\frac{\lambda^k}{k!}\lim_{n\to\infty}\left(1-\frac{\lambda}{n}\right)^{n-k}=\frac{\lambda^k}{k!}\mathrm{e}^{-\lambda},\end{aligned}$$

故 $\lim\limits_{n\to\infty}P\{X_n=k\}\approx\dfrac{\lambda^k}{k!}\mathrm{e}^{-\lambda}$.

由 $\lim\limits_{n\to+\infty}np_n=\lim\limits_{n\to+\infty}\dfrac{p_n}{\frac{1}{n}}=\lambda$ 可知，当 n 比较大，p 比较小的时候. n 次伯努利试验中事件 A 发生的次数近似服从泊松分布.

泊松分布在各个领域中有着极为广泛的应用，它与单位时间(或单位产品、单位面积)上的计数过程相联系，例如某个交通路口在一段时间内的汽车流量，放射性物质放射出的粒子数，大地震后的余震次数，某商场一天中到达的顾客人次，保险公司在一定时间内被索赔的次数，1平方米内玻璃上的气泡数，单位时间内电话总机接到用户呼叫的次数等，都可以近似用泊松分布来描述.

2. 什么是指数分布的"无记忆性"？指数分布有哪些应用？

指数函数的一个重要特征是无记忆性(又称遗失记忆性). 这表示如果一个随机变量呈指数分布，则 $P(T>s+t \mid T>t)=P(T>s)(s,t\geqslant 0)$. 所谓缺乏"记忆"，是指某种产品或零件经过一段时间 t 的工作后，仍然如同新的产品一样，不影响以后的工作寿命值，或者说，经过一段时间 t 的工作之后，该产品的寿命分布与原来还未工作时的寿命分布相同.

指数分布应用广泛，在日本的工业标准和美国军用标准中，半导体器件的抽验方案都是采用指数分布，指数分布还用来描述大型复杂系统(如计算机)的平均故障间隔时间的分布. 此外元件的使用寿命、动物的寿命、电话的通话时间等，排队论及可靠性理论中呼叫服务的时间间隔、机器的维修时间、访问某网站的时间、放射性元素的衰变期等都可看作是服从指数分布.

3. 正态分布概率曲线有什么特征？为什么说正态分布是概率中最重要的分布？

正态分布的特性：

(1) 集中性：正态曲线的高峰位于正中央，即参数 μ 所在的位置.

(2) 对称性：正态曲线以参数 μ 为中心，左右对称，曲线两端永远不与横轴相交.

(3) 均匀变动性：正态曲线由参数 μ 所在处开始，分别向左右两侧逐渐均匀下降.

(4) 正态分布有两个参数，即 μ 和 σ，可记为 $N(\mu,\sigma^2)$，μ 决定正态曲线的中心位置；σ 决定正态曲线的陡峭或扁平程度. σ 越小，曲线越陡峭；σ 越大，曲线越扁平.

正态分布的重要性：

正态分布是自然界最常见的一种分布，一般来说，若影响某一数量指标的随机因素很多，而每个因素所起的作用都不太大，则这个指标近似服从正态分布.

例如，在生产条件不变的情况下，产品的强力、抗压强度、口径、长度等指标；同一生物体的身长，体重等指标；同一种子的重量；测量同一物体的误差；弹着点沿某一方向的偏差；某个地区的年降水量；以及理想气体分子的速度分量等. 从理论上看，正态分布具有很多良好的性质，许多概率分布用它来近似，还有一些常用的概率分布是由它直接导出的，如本书将要学到的 t 分布、F 分布、χ^2 分布.

四、典型例题

例 1 一袋中装有大小质地相同的 3 个白球和 2 个黑球，从中任取 2 个球，随机变量 X 表示取到的白球数，求 X 的分布律和分布函数.

解 $P\{X=0\}=\dfrac{C_2^2}{C_5^2}=0.1$,

$$P\{X=1\}=\frac{C_3^1C_2^1}{C_5^2}=0.6,$$

$$P\{X=2\}=\frac{C_3^2}{C_5^2}=0.3.$$

X 的分布律为

X	0	1	2
$P\{X=x_i\}$	0.1	0.6	0.3

分布函数为

$$F(x)=\begin{cases}0, & x<0,\\ 0.1, & 0\leqslant x<1,\\ 0.7, & 1\leqslant x<2,\\ 1, & x\geqslant 2.\end{cases}$$

例 2 已知连续型随机变量 X 的概率密度函数为

$$f(x)=\begin{cases}A\sin\dfrac{x}{2}, & 0\leqslant x<\pi,\\ 0, & 其他.\end{cases}$$

求：(1) 常数 A 的值；(2) $P\left\{\dfrac{\pi}{3}\leqslant X<\dfrac{\pi}{2}\right\}$；(3) $F(x)$.

解 (1)由 $\int_{-\infty}^{+\infty}f(x)\mathrm{d}x=1$ 可知

$$\int_0^{\pi}A\sin\frac{x}{2}\mathrm{d}x=-2A\cos\frac{x}{2}\Big|_0^{\pi}=2A,$$

所以 $A=\dfrac{1}{2}$.

(2) $P\left\{\dfrac{\pi}{3}\leqslant X<\dfrac{\pi}{2}\right\}=\int_0^{\pi}\dfrac{1}{2}\sin\dfrac{x}{2}\mathrm{d}x=-\cos\dfrac{x}{2}\Big|_{\frac{\pi}{3}}^{\frac{\pi}{2}}=\dfrac{\sqrt{3}-\sqrt{2}}{2}$.

(3) 当 $x<0$ 时，$F(x)=\int_{-\infty}^{x}f(t)\mathrm{d}t=0$,

当 $0 < x \leqslant \pi$ 时，$F(x) = \int_{-\infty}^{x} f(t)\mathrm{d}t = \int_{-\infty}^{0} 0\mathrm{d}t + \int_{0}^{x} \frac{1}{2}\sin\frac{t}{2}\mathrm{d}t = 1 - \cos\frac{x}{2}$，

当 $x \geqslant \pi$ 时，$F(x) = 1$，

故所求分布函数为

$$F(x) = \begin{cases} 0, & x < 0, \\ 1 - \cos\frac{x}{2}, & 0 < x \leqslant \pi, \\ 1, & x > 0. \end{cases}$$

例 3　设正方体的棱长为随机变量 X，在区间 $(0,a)$ 上服从均匀分布 $(a > 0)$，求正方体体积的概率密度.

解　$X \sim U[0,a]$，X 的概率密度为 $f_X(x) = \begin{cases} \frac{1}{a}, & 0 \leqslant x < a, \\ 0, & 其他. \end{cases}$ 设正方体体积 $Y = X^3$，函数 $y = x^3$ 在 $(0,a)$ 上单调、可导，反函数 $x = h(y) = y^{\frac{1}{3}}$. $h(y)' = \frac{1}{3}y^{-\frac{2}{3}}$，当 $0 \leqslant x < a$ 时，$0 \leqslant y < a^3$，故 Y 的概率密度为

$$f_Y(y) = \begin{cases} f_X[h(y)] \cdot |h(y)'| = \frac{1}{3a}y^{-\frac{2}{3}}, & 0 < y < a^3, \\ 0, & 其他. \end{cases}$$

例 4　统计资料表明，某种型号洗衣机的寿命服从参数为 $\lambda = \frac{1}{15}$ 的指数分布. 现在从市场上购买 10 台这种型号的洗衣机，试求

(1) 其中任意一台洗衣机的寿命超过 k 年的概率 $P_k(k = 5,10,15,20)$；

(2) 这批洗衣机中至少有一台寿命超过 15 年的概率.

解　(1)设随机变量 X 表示洗衣机的寿命，则 X 服从参数为 $\lambda = \frac{1}{15}$ 的指数分布，因此洗衣机的寿命超过 k 年的概率为

$$P_k = P\{X > k\} = \int_{k}^{+\infty} \frac{1}{15}\mathrm{e}^{-\frac{1}{15}x}\mathrm{d}x = \mathrm{e}^{-\frac{1}{15}k},$$

计算结果如下表：

k	5	10	15	20
P_k	0.7165	0.5134	0.3679	0.2635

(2) 设随机变量 Y 表示这批洗衣机中寿命超过 15 年的台数，则 Y 服从二项分布，其中为 $n=10$，$p=p_{15}=0.3679$，于是

$$P\{Y \geqslant 1\} = 1 - P\{Y = 0\} = 1 - \mathrm{C}_{10}^{0}\,(0.3679)^0\,(1 - 0.3679)^{10} = 0.9898.$$

五、习题解答

1. 一袋中有 5 只乒乓球，分别标号 1,2,3,4,5，现从中任取 3 个球，设 X 是取出球的号码中的最大值，求 X 的分布律，并计算 $P\{X \leqslant 4\}$.

解　X 是取出球中的最大值，则 $X=\{3,4,5\}$，

$$P\{X=3\}=\frac{1}{C_5^3}=\frac{1}{10},$$

$$P\{X=4\}=\frac{C_3^2}{C_5^3}=\frac{3}{10},$$

$$P\{X=5\}=\frac{C_4^2}{C_5^3}=\frac{6}{10},$$

故 X 的分布律为

X	3	4	5
P	$\frac{1}{10}$	$\frac{3}{10}$	$\frac{6}{10}$

$$P\{X \leqslant 4\}=P\{X=3\}+P\{X=4\}=\frac{4}{10}.$$

2. 某盒产品中恰有 6 件正品，2 件次品，每次从中任取一件进行检查，直到取到正品为止，X 表示抽取次数. (1) 无放回抽取；(2) 有放回抽取，求 X 的分布律.

解　(1)无放回抽取，则

$$P\{X=1\}=\frac{6}{8}=\frac{3}{4},$$

$$P\{X=2\}=\frac{2\times 6}{8\times 7}=\frac{3}{14},$$

$$P\{X=3\}=\frac{2\times 1}{8\times 7}\times 1=\frac{1}{28},$$

故 X 的分布律为

X	1	2	3
P	$\frac{3}{4}$	$\frac{3}{14}$	$\frac{1}{28}$

(2) 有放回抽取，则

$$P\{X=1\}=\frac{6}{8}=\frac{3}{4},$$

$$P\{X=2\}=\frac{2}{8}.\frac{6}{8}=\frac{1}{4}.\frac{3}{4},$$

$$P\{X=3\}=\left(\frac{2}{8}\right)^2.\frac{6}{8}=\left(\frac{1}{4}\right)^2.\frac{3}{4},$$

$$P\{X=3\}=\left(\frac{2}{8}\right)^{n-1}.\frac{6}{8}=\left(\frac{1}{4}\right)^{n-1}.\frac{3}{4},$$

故 X 的分布律为

X	1	2	3	4	…	n
P	$\frac{3}{4}$	$\frac{1}{4}.\frac{3}{4}$	$\left(\frac{1}{4}\right)^2.\frac{3}{4}$	$\left(\frac{1}{4}\right)^3.\frac{3}{4}$	…	$\left(\frac{1}{4}\right)^{n-1}.\frac{3}{4}$

3. 设离散型随机变量 X 的分布函数为

$$F(x)=\begin{cases}0, & x<-1,\\ a, & -1\leqslant x<1,\\ \frac{2}{3}-a, & 1\leqslant x<2,\\ a+b, & x\geqslant 2\end{cases}$$

且 $P\{X=2\}=\frac{1}{2}$ 试确定常数 a,b 的值.

解　利用分布函数 $F(x)$ 的性质：$P\{X=x_i\}=F(x_i)-F(x_i-0)$，可得

$$P\{X=2\}=F(2)-F(2-0),$$

即

$$\frac{1}{2}=(a+b)-\left(\frac{2}{3}-a\right). \tag{1}$$

又 $\lim\limits_{x\to\infty}F(x)=1$，即

$$a+b=1. \tag{2}$$

联立(1)和(2)解得

$$a=\frac{1}{6},\quad b=\frac{5}{6}.$$

4. 设离散型随机变量 X 的分布律为 $P\{X=k\}=\frac{a}{k(k+1)}(k=1,2,3,\cdots,10)$，试确定常数 a.

解　利用分布律的性质：$\sum\limits_{k=1}^{10}P\{X=k\}=1$，而

$$P\{X=k\}=\frac{a}{k(k+1)}=a\left(\frac{1}{k}-\frac{1}{k+1}\right),$$

故

$$\sum_{k=1}^{10} P\{X=k\} = a\left(1-\frac{1}{2}+\frac{1}{2}-\frac{1}{3}+\frac{1}{3}-\frac{1}{4}+\cdots+\frac{1}{10}-\frac{1}{11}\right)=\frac{10a}{11}=1,$$

即 $a=1.1$.

5. 某射手的命中率为 0.8，连续独立地进行两次射击，X 表示命中目标的次数，求

(1) X 的分布律；

(2) X 的分布函数 $F(x)$；

(3) 利用 $F(x)$ 求 $P\{0<X\leqslant 1\}$, $P\{X>1\}$.

解 (1) $X\sim B(2,0.8)$, X 的分布律为：$P\{X=k\}=C_2^k(0.8)^k(0.2)^{2-k}$, $k=0,1,2$.

表格形式为

X	0	1	2
P	0.04	0.32	0.64

(2) 离散型随机变量 X 的分布函数

$$F(x) \text{ 为 } F(x)=P\{X\leqslant x\}=\sum_{x_i\leqslant x} P\{X=x_i\}.$$

当 $x<0$ 时，$F(x)=P\{X\leqslant x\}=0$；

当 $0\leqslant x<1$ 时，$F(x)=P\{X\leqslant x\}=P\{x=0\}=0.04$；

当 $1\leqslant x<2$ 时，$F(x)=P\{X\leqslant x\}=P\{x=0\}+P\{x=1\}=0.36$；

当 $x\geqslant 2$ 时，$F(x)=P\{X\leqslant x\}=P\{x=0\}+P\{x=1\}+P\{x=2\}=1$.

故

$$F(x)=\begin{cases}0, & x<0,\\ 0.04, & 0\leqslant x<1,\\ 0.36, & 1\leqslant x<2,\\ 1, & x\geqslant 2.\end{cases}$$

(3) 由于 $P\{a<X\leqslant b\}=P\{X\leqslant b\}-P\{X\leqslant a\}=F(b)-F(a)$ 故

$$P\{0<X\leqslant 1\}=F(1)-F(0)=0.36-0.04=0.32,$$
$$P\{X>1\}=1-F(1)=1-0.36=0.64.$$

6. 设书籍每页的印刷错误的个数 X 服从泊松分布，经统计发现在某本书上，有 1 个印刷错误与有 2 个印刷错误的页数相同，求任意检验 4 页，每页上没有印刷错误的概率.

解 令 X 表示每页的印刷错误的个数，根据题意知 $X\sim P(\lambda)$，即

$$P\{X=k\}=\frac{\lambda^k}{k!}\mathrm{e}^{-\lambda},\quad k=0,1,2,3,\cdots.$$

已知 $P\{X=1\}=P\{X=2\}$，可得 $\frac{\lambda^1}{1!}\mathrm{e}^{-\lambda}=\frac{\lambda^2}{2!}\mathrm{e}^{-\lambda}$，解得 $\lambda=2$，所以

$$P(X=k)=\frac{2^k}{k!}\mathrm{e}^{-2},\quad k=0,1,2,3,\cdots.$$

故每页上没有印刷错误的概率为 $P\{X=0\}=\frac{2^0}{0!}\mathrm{e}^{-2}=\mathrm{e}^{-2}$.

令 Y 表示检验的 4 页中没有印刷错误的页数，则 $Y\sim B(4,\ \mathrm{e}^{-2})$，所求概率为 $P(Y=4)=(\mathrm{e}^{-2})^4=\mathrm{e}^{-8}$.

7. 设 $X\sim B(2,p)$，$Y\sim B(3,p)$，若 $P\{X\geqslant 1\}=\frac{5}{9}$，求 $P\{Y\geqslant 1\}$.

解　因为 $X\sim B(2,p)$，则

$$P\{X\geqslant 1\}=1-P\{X=0\}=1-\mathrm{C}_2^0(p)^0\ (1-p)^2=1-(1-p)^2=\frac{5}{9},$$

所以 $p=\frac{1}{3}$，由 $Y\sim B(3,p)$，得

$$P\{Y\geqslant 1\}=1-P\{Y=0\}=1-\mathrm{C}_3^0(p)^0\ (1-p)^3=1-(1-p)^2=\frac{19}{27}.$$

8. 一大楼内装有 5 个同类型的供水设备. 调查表明在任一时刻 t 每个设备被使用的概率为 0.1，问在同一时刻：

(1) 恰有两个设备被使用的概率是多少？

(2) 至多有 3 个设备被使用的概率是多少？

(3) 至少有 1 个设备被使用的概率是多少？

解　(1) 设 X 表示任一时刻被使用的设备个数，$X\sim B(5,0.1)$，则

$$P\{X=2\}=\mathrm{C}_5^2\ (0.1)^2\ (0.9)^3=0.0729.$$

(2)
$$\begin{aligned}P\{X\leqslant 3\}&=P\{X=0\}+P\{X=1\}+P\{X=2\}+P\{X=3\}\\&=\mathrm{C}_5^0\ (0.1)^0\ (0.9)^5+\mathrm{C}_5^1\ (0.1)^1\ (0.9)^4\\&\quad+\mathrm{C}_5^2\ (0.1)^2\ (0.9)^3+\mathrm{C}_5^3\ (0.1)^3\ (0.9)^2\\&=0.99954.\end{aligned}$$

(3) $P\{X\geqslant 1\}=1-P\{X=0\}=1-0.59049=0.40951$.

9. 设随机变量 X 的分布函数为

$$F(x)=\begin{cases}0, & x<0,\\ Ax^2, & 0\leqslant x<1,\\ 1, & x\geqslant 1.\end{cases}$$

试求：

(1) 系数 A；

(2) X 落在区间 $(0.3, 0.7)$ 内的概率；

(3) X 的概率密度.

解　(1) 由于连续型随机变量 X 的分布函数也连续，$F(x)$ 在 $x=1$ 处连续. 故

$$\lim_{x\to 1^-}F(x)=A=\lim_{x\to 1^+}F(x)=1.$$

所以 $A=1$.

(2) $P\{0.3\leqslant X\leqslant 0.7\}=F(0.7)-F(0.3)=0.7^2-0.3^2=0.4$.

(3) $f(x)=F(x)'=\begin{cases}2x, & 0\leqslant x<1,\\ 0, & x\geqslant 1 \text{ 或 } x<0.\end{cases}$

10. 设随机变量 X 的概率密度为

$$f(x)=\begin{cases}x, & 0\leqslant x<1,\\ a-x, & 1\leqslant x<2,\\ 0, & \text{其他}.\end{cases}$$

试求(1)系数 a；(2) $P\{X\leqslant 1.5\}$.

解　(1) 由 $\int_{-\infty}^{+\infty}f(x)\mathrm{d}x=1$ 可知

$$\int_0^1 x\mathrm{d}x+\int_1^2(a-x)\mathrm{d}x=a-1=1,$$

所以 $a=2$.

(2) $P\{X\leqslant 1.5\}=\int_0^1 x\mathrm{d}x+\int_1^{1.5}(2-x)\mathrm{d}x=\frac{1}{2}x^2\Big|_0^1+\left(2x-\frac{1}{2}x^2\right)\Big|_1^{1.5}=\frac{7}{8}$.

11. 已知随机变量 X 的概率密度为 $f(x)=A\mathrm{e}^{-|x|}$, $(-\infty<x<+\infty)$，求(1) 系数 A；(2) X 的分布函数 $F(x)$；(3) $Y=X^2$ 的概率密度；(4) $P\{-1<X<1\}$.

解　(1) 由 $\int_{-\infty}^{+\infty}f(x)\mathrm{d}x=1$ 可知

$$\int_{-\infty}^0 A\mathrm{e}^x\mathrm{d}x+\int_0^{+\infty}A\mathrm{e}^{-x}\mathrm{d}x=2A=1,$$

所以 $A=\frac{1}{2}$.

(2) $F(x)=\int_{-\infty}^x f(t)\mathrm{d}t$.

当 $x\leqslant 0$ 时，$F(x)=\int_{-\infty}^x f(t)\mathrm{d}t=\int_{-\infty}^x\frac{1}{2}\mathrm{e}^t\mathrm{d}t=\frac{1}{2}\mathrm{e}^x$；

当 $x>0$ 时，$F(x)=\int_{-\infty}^x f(t)\mathrm{d}t=\int_{-\infty}^0\frac{1}{2}\mathrm{e}^t\mathrm{d}t+\int_0^x\frac{1}{2}\mathrm{e}^{-t}\mathrm{d}t=1-\frac{1}{2}\mathrm{e}^{-x}$；

故

$$F(x)=\begin{cases}\dfrac{1}{2}e^{x}, & x\leqslant 0,\\ 1-\dfrac{1}{2}e^{-x}, & x>0.\end{cases}$$

(3) $P\{Y=X^2\}=0.$

(4) $P\{-1<X<1\}=F(1)-F(-1)=1-\dfrac{1}{2}e^{-1}-\dfrac{1}{2}e^{-1}=1-e^{-1}.$

12. 甲站每天的整点都有列车发往乙站，一位从甲站前往乙站的乘客在 9 点至 10 点之间随机地到达甲站，X 表示他的候车时间(单位:分钟)，求(1) $P\{X\geqslant 20\}$；(2) $P\{20\leqslant X\leqslant 30\}$；(3) $P\{X=20\}$.

解　$X\sim U[0, 60]$，X 的概率密度为

$$f(x)=\begin{cases}\dfrac{1}{60}, & 0\leqslant x<60,\\ 0, & \text{其他}.\end{cases}$$

(1) $P\{X\geqslant 20\}=\dfrac{40}{60}=\dfrac{2}{3}.$

(2) $P\{20\leqslant X\leqslant 30\}=\dfrac{10}{60}=\dfrac{1}{6}.$

(3) $P\{X=20\}=0.$

13. 设 a 服从参数 $\lambda=1$ 的指数分布，求方程 $4x^2+4ax+a+2=0$ 无实根的概率.

解　因为 a 服从参数 $\lambda=1$ 的指数分布，其概率密度为

$$f(a)=\begin{cases}e^{-a}, & a>0,\\ 0, & a\leqslant 0.\end{cases}$$

方程 $4x^2+4ax+a+2=0$ 无实根的概率，即

$$\begin{aligned}P\{\Delta<0\}&=P\{16a^2-16(a+2)<0\}\\&=P\{-1<a<2\}\\&=\int_0^2 e^{-a}\,da=1-e^{-2}.\end{aligned}$$

14. 某人午觉醒来后发现手表停了，于是打开收音机等报时(整点报时)，那么等待时间不超过 10 分钟的概率是多少?

解　$X\sim U[0, 60]$，X 的概率密度为

$$f(x)=\begin{cases}\dfrac{1}{60}, & 0\leqslant x<60,\\ 0, & \text{其他},\end{cases}$$

$$P\{50\leqslant X\leqslant 60\}=\frac{10}{60}=\frac{1}{6}.$$

15. 设随机变量 X 在[2,5]上服从均匀分布,现对 X 进行三次独立观测. 求至少有两次观测值小于 3 的概率.

解 $X\sim U[2,5]$, X 的概率密度为

$$f(x)=\begin{cases}\dfrac{1}{3}, & 2\leqslant x\leqslant 5,\\ 0, & 其他,\end{cases}$$

$$P\{X<3\}=\int_2^3\frac{1}{3}\mathrm{d}x=\frac{1}{3}.$$

设 Y 表示三次独立观测中 X 小于 3 的次数,则 $Y\sim B(3,p)$,其中 p 表示每次观测时 X 小于 3 的概率,$p=P\{X<3\}=\dfrac{1}{3}$.

$$P\{Y\geqslant 2\}=P\{Y=2\}+P\{Y=3\}=C_3^2\left(\frac{1}{3}\right)^2\left(\frac{2}{3}\right)^1+C_3^3\left(\frac{1}{3}\right)^3=\frac{7}{27}.$$

16. 设随机变量 X 表示电视机的寿命(单位:年),X 具有以下的概率密度

$$f(x)=\begin{cases}\dfrac{1}{12}\mathrm{e}^{-\frac{t}{12}}, & t>0,\\ 0, & t\leqslant 0.\end{cases}$$

求(1) 电视机的寿命最多为 6 年的概率;(2) 寿命最在 5 到 10 年之间的概率.

解 已知连续型随机变量的概率密度函数求概率

$$P\{X\leqslant 6\}=\int_0^6\frac{1}{12}\mathrm{e}^{-\frac{t}{12}}\mathrm{d}t=1-\mathrm{e}^{-\frac{1}{2}},$$

$$P\{5\leqslant X\leqslant 10\}=\int_5^{10}\frac{1}{12}\mathrm{e}^{-\frac{t}{12}}\mathrm{d}t=\mathrm{e}^{-\frac{5}{12}}-\mathrm{e}^{-\frac{5}{6}}.$$

17. 设顾客在银行排队等待服务的时间为 X(单位:分钟),X 服从 $\lambda=1/5$ 的指数分布. 某顾客在银行等待服务,若超过 10 分钟他就离开. 假设他一个月要去银行 5 次. 以 Y 表示一个月内他未等到服务而离开的次数,试求 Y 的分布律和 $P\{Y\geqslant 1\}$.

解 $X\sim \mathrm{Exp}\left(\dfrac{1}{5}\right)$, $f_X(x)=\begin{cases}\dfrac{1}{5}\mathrm{e}^{-\frac{X}{5}}, & x>0,\\ 0, & x\leqslant 0,\end{cases}$ 则该顾客"每次未等到服务而离开"的概率为

$$P\{X>10\}=\frac{1}{5}\int_{10}^{+\infty}\mathrm{e}^{-\frac{t}{5}}\mathrm{d}t=\mathrm{e}^{-2},$$

Y 为 5 次伯努利试验中未等到服务而离开的次数,则 $Y\sim B(5,\ \mathrm{e}^{-2})$. 分布律为

$$P\{Y=k\}=C_5^k\,(\mathrm{e}^{-2})^k\,(1-\mathrm{e}^{-2})^{5-k},\quad k=0,1,2,3,4,5,$$

则

$$P\{Y\geqslant 1\}=1-P\{Y=0\}=1-(1-\mathrm{e}^{-2})^5.$$

18. 设 $X \sim N(3,4)$，求(1) $P\{2 < X \leqslant 5\}$；(2) $P\{-2 < X < 7\}$；(3) $P\{|X| > 2\}$；(4) $P\{X > 3\}$；(5)确定 c 使得 $P\{X > c\} = P\{X \leqslant c\}$.

解　(1) $X \sim N(3,4)$，$\mu = 3$，$\sigma^2 = 4$，$\sigma = 2$.

$$
\begin{aligned}
P\{2 < X \leqslant 5\} &= \Phi\left(\frac{5-3}{2}\right) - \Phi\left(\frac{2-3}{2}\right) = \Phi(1) - \Phi\left(\frac{-1}{2}\right) \\
&= \Phi(1) + \Phi\left(\frac{1}{2}\right) - 1 = 0.8413 + 0.6915 - 1 \\
&= 0.5328.
\end{aligned}
$$

(2)
$$
\begin{aligned}
P\{-2 < X \leqslant 7\} &= \Phi\left(\frac{7-3}{2}\right) - \Phi\left(\frac{-2-3}{2}\right) = \Phi(2) - \Phi\left(\frac{-5}{2}\right) \\
&= \Phi(2) + \Phi\left(\frac{5}{2}\right) - 1 \\
&= 0.9772 + 0.9938 - 1 = 0.9710.
\end{aligned}
$$

(3)
$$
\begin{aligned}
P\{|X| > 2\} &= P\{X > 2\} + P\{X < -2\} \\
&= 1 - P\{X \leqslant 2\} + P\{X < -2\} \\
&= 1 - \Phi\left(\frac{2-3}{2}\right) + \Phi\left(\frac{-2-3}{2}\right) \\
&= 1 - \left(1 - \Phi\left(\frac{1}{2}\right)\right) + \left(1 - \Phi\left(\frac{5}{2}\right)\right) \\
&= \Phi\left(\frac{1}{2}\right) - \Phi\left(\frac{5}{2}\right) + 1 \\
&= 0.6915 - 0.9938 + 1 = 0.6977.
\end{aligned}
$$

(4) $P\{X > 3\} = 1 - P\{X \leqslant 3\} = 1 - \Phi\left(\frac{3-3}{2}\right) = 1 - \Phi(0) = 0.5$.

(5) 由于 $P\{X > c\} = P\{X \leqslant c\}$，故 $x = c$ 为对称轴，即 $c = 3$.

19. 一个工厂生产的电子管寿命 X（单位：小时），服从参数 $\mu = 160$ 的正态分布，若要求 $P\{120 < X \leqslant 200\} \geqslant 0.8$，允许 σ 最大为多少？

解　$X \sim N(160, \sigma^2)$，

$$
\begin{aligned}
P\{120 < X \leqslant 200\} &= \Phi\left(\frac{200-160}{\sigma}\right) - \Phi\left(\frac{120-160}{\sigma}\right) \\
&= \Phi\left(\frac{40}{\sigma}\right) - \Phi\left(\frac{-40}{\sigma}\right) = 2\Phi\left(\frac{40}{\sigma}\right) - 1 \geqslant 0.8,
\end{aligned}
$$

即 $\Phi\left(\frac{40}{\sigma}\right) \geqslant 0.9$，查表得：$\frac{40}{\sigma} \geqslant 1.28$，解得 $\sigma \leqslant 31.25$，故 σ 最大为 31.

20. 假设新生入学考试成绩 $X \sim N(72, \sigma^2)$，已知 96 分以上的考生占 2.3%，现任意抽取一份试卷，求该试卷的成绩介于 60 分到 84 分之间的概率.

解 $X \sim N(72, \sigma^2)$,

$$P\{X \geqslant 96\} = 1 - \Phi\left(\frac{96-72}{\sigma}\right) = 0.023,$$

$\Phi\left(\frac{24}{\sigma}\right) = 0.977$,查表得:$\Phi(2) = 0.9772$,取 $\frac{24}{\sigma} \approx 2$,故 $\sigma \approx 12$, $X \sim N(72, 12^2)$.

$$\begin{aligned} P\{60 < X \leqslant 84\} &= \Phi\left(\frac{84-72}{12}\right) - \Phi\left(\frac{60-72}{12}\right) \\ &= \Phi(1) - \Phi(-1) = 2\Phi(1) - 1 = 0.6826. \end{aligned}$$

21. 设随机变量 X 的分布律为

X	0	$\frac{\pi}{2}$	π
P	$\frac{1}{4}$	$\frac{1}{2}$	$\frac{1}{4}$

求 $Y = \frac{2}{3}X + 2$ 和 $Z = \sin X$ 的分布律.

解

X	0	$\frac{\pi}{2}$	π
P	$\frac{1}{4}$	$\frac{1}{2}$	$\frac{1}{4}$
$Y = \frac{2}{3}X + 2$	2	$\frac{1}{3}\pi + 2$	$\frac{2}{3}\pi + 2$
$Z = \sin X$	0	1	0

则 Y, Z 的分布律为

Y	2	$\frac{1}{3}\pi + 2$	$\frac{2}{3}\pi + 2$
P	$\frac{1}{4}$	$\frac{1}{2}$	$\frac{1}{4}$

Z	0	1
P	$\frac{1}{2}$	$\frac{1}{2}$

22. 设随机变量 X 的概率密度为

$$f(x) = \begin{cases} \frac{3}{2}x^2, & -1 < x < 1, \\ 0, & \text{其他}. \end{cases}$$

求以下随机变量的概率密度:(1) $Y = 3X$; (2) $Z = 3 - X$.

解　(1) $f(x)=\begin{cases}\dfrac{3}{2}x^2, & -1<x<1,\\ 0, & \text{其他},\end{cases}$ $y=g(x)=3x$ 在 $[-1,1]$ 上处处可导,且严格单调,其反函数

$$g^{-1}(y)=\frac{y}{3},\quad [g^{-1}(y)]'=\frac{1}{3},$$

由定理 2.4,得 Y 的概率密度为

$$f_Y(y)=\begin{cases}\dfrac{3}{2}\cdot\dfrac{y^2}{9}\left|\dfrac{1}{3}\right|=\dfrac{y^2}{18}, & -3\leqslant y\leqslant 3,\\ 0, & \text{其他},\end{cases}$$

(2) $f(x)=\begin{cases}\dfrac{3}{2}x^2, & -1<x<1,\\ 0, & \text{其他},\end{cases}$ $z=g(x)=3-x$ 在 $[-1,1]$ 上处处可导,且严格单调,其反函数

$$g^{-1}(z)=3-z,\quad [g^{-1}(z)]'=-1,$$

由定理 2.4,得 Z 的概率密度为

$$f_Z(z)=\begin{cases}\dfrac{3}{2}\cdot(3-z)^2\,|-1|=\dfrac{3}{2}\cdot(3-z)^2, & 2<z<4,\\ 0, & \text{其他}.\end{cases}$$

第 3 章　多维随机变量及其分布

一、基本要求

1. 了解多维随机变量的概念.

2. 理解二维随机变量的联合分布函数、联合分布律、联合概率密度的概念,并会利用相关的性质进行计算.

3. 掌握二维随机变量的边缘分布与联合分布的关系并会进行相关的运算.

4. 理解随机变量的独立性的概念,掌握判定独立性的条件,并会利用相关的性质进行计算.

5. 会求简单的二维随机变量的函数的分布.

二、内容提要

(一)随机变量及其分布函数

1. 多维随机变量

设 Ω 是随机试验的样本空间,对 Ω 中的每一个样本点 ω,有 n 个实数 $X_1(\omega)$, $X_2(\omega)$, $\cdots$, $X_n(\omega)$ 与之对应,则称 $(X_1,X_2,\cdots,X_n)$ 为定义在 Ω 上的一个 n 维随机变量.

2. 二维随机变量

设 Ω 是随机试验的样本空间,对 Ω 中的每一个样本点 ω,有两个实数 $X(\omega)$, $Y(\omega)$ 与之对应,则称 (X,Y) 为定义在 Ω 上的一个二维随机变量.

3. 联合分布函数

设 (X,Y) 是二维随机变量,对任意 $x,y\in\mathbf{R}$, 称二元函数

$$F(x,y)=P\{X\leqslant x,Y\leqslant y\}$$

为二维随机变量 (X,Y) 的联合分布函数.

4. 边缘分布函数

X 和 Y 的分布函数 $F_X(x)=P\{X\leqslant x\}$，$F_Y(y)=P\{Y\leqslant y\}$ 分别称为 (X,Y) 关于 X，Y 的边缘分布函数.

已知 (X,Y) 的联合分布函数 $F(x,y)$，可以导出 X 和 Y 的边缘分布函数：

$$F_X(x)=P\{X\leqslant x\}=P\{X\leqslant x,Y<+\infty\}=F(x,+\infty)=\lim_{y\to+\infty}F(x,y);$$

$$F_Y(y)=P\{Y\leqslant y\}=P\{X<+\infty,Y\leqslant y\}=F(+\infty,y)=\lim_{x\to+\infty}F(x,y).$$

5. 分布函数的性质

(1) 单调性：$F(x,y)$ 分别关于 x,y 单调不降，即

当 $x_1<x_2$ 时，有 $F(x_1,y)\leqslant F(x_2,y)$，

当 $y_1<y_2$ 时，有 $F(x,y_1)\leqslant F(x,y_2)$.

(2) 有界性：$0\leqslant F(x,y)\leqslant 1$，且 $\lim\limits_{x\to-\infty}F(x,y)=0$，$\lim\limits_{y\to-\infty}F(x,y)=0$，$\lim\limits_{\substack{x\to+\infty\\y\to+\infty}}F(x,y)=1$.

(3) 右连续性：$F(x,y)$ 是右连续函数，即

$$F(x_0+0,y)=\lim_{x\to x_0^+}F(x,y)=F(x_0,y),$$

$$F(x,y_0+0)=\lim_{y\to y_0^+}F(x,y)=F(x,y_0).$$

(4) 相容性：对于任意实数 $x_1<x_2$，$y_1<y_2$，有

$$\begin{aligned}&P\{x_1<X\leqslant x_2,y_1<Y\leqslant y_2\}\\&=F(x_2,y_2)-F(x_2,y_1)-F(x_1,y_2)+F(x_1,y_1)\geqslant 0.\end{aligned}$$

(二)二维离散型随机变量

1. 联合分布律

如果二维随机变量 (X,Y) 只取有限对或可列无穷多对值 (x_i,y_j)，$i,j=1,2,\cdots$，则称 (X,Y) 为二维离散型随机变量，称

$$P\{X=x_i,Y=y_j\}=p_{ij}\quad(i,j=1,2,\cdots)$$

为 (X,Y) 的联合分布律.

2. 边缘分布律

$$P\{X=x_i\}=p_{i\cdot}=\sum_{j=1}^{\infty}p_{ij}\quad(i=1,2,\cdots)$$

为随机变量 X 的边缘分布律.

$$P\{Y=y_j\}=p_{\cdot j}=\sum_{i=1}^{\infty}p_{ij}\quad (j=1,2,\cdots)$$

为随机变量 Y 的边缘分布律.

3. 联合分布律的基本性质

(1) $p_{ij}\geqslant 0, i,j=1,2,\cdots$;

(2) $\sum_{i=1}^{\infty}\sum_{j=1}^{\infty}p_{ij}=1$.

(三)二维连续型随机变量

1. 联合概率密度函数

设 $F(x,y)$ 是二维随机变量 (X,Y) 的联合分布函数,如果存在非负可积函数 $f(x,y)$,使得对于任意实数对 (x,y),有

$$F(x,y)=\int_{-\infty}^{x}\int_{-\infty}^{y}f(u,v)\mathrm{d}u\mathrm{d}v,$$

则称 (X,Y) 为二维连续型随机变量,$f(x,y)$ 为 (X,Y) 的联合概率密度.

二维连续型随机变量的联合概率密度满足下列两条基本性质.

2. 边缘概率密度函数

X 和 Y 的概率密度 $f_X(x)$,$f_Y(y)$ 分别称为 (X,Y) 关于 X,Y 的边缘概率密度.

$$f_X(x)=\int_{-\infty}^{+\infty}f(x,y)\mathrm{d}y,\quad x\in\mathbf{R};$$

$$f_Y(y)=\int_{-\infty}^{+\infty}f(x,y)\mathrm{d}x,\quad y\in\mathbf{R}.$$

3. 概率密度函数的性质

(1) $f(x,y)\geqslant 0$;

(2) $\int_{-\infty}^{+\infty}\int_{-\infty}^{+\infty}f(x,y)\mathrm{d}x\mathrm{d}y=1$;

(3) 在 $f(x,y)$ 的连续点处,有 $\dfrac{\partial^2F(x,y)}{\partial x\partial y}=f(x,y)$;

(4) $P\{(X,Y)\in G\}=\iint\limits_G f(x,y)\mathrm{d}x\mathrm{d}y$.

4. 二维均匀分布

设 G 为平面上某个有界区域,其面积为 $S(G)$,如果二维连续型随机变量 (X,Y)

具有联合概率密度

$$f(x,y)=\begin{cases}\dfrac{1}{S(G)}, & (x,y)\in G,\\ 0, & (x,y)\notin G,\end{cases}$$

则称 (X,Y) 在区域 G 上服从二维均匀分布,记为 $(X,Y)\sim U(G)$.

若二维随机变量 $(X,Y)\sim U(G)$, 则对任意区域 $D\subset G$, 有

$$P\{(X,Y)\in D\}=\iint_D f(x,y)\mathrm{d}\sigma=\frac{1}{S(G)}\iint_D \mathrm{d}\sigma=\frac{S(D)}{S(G)}.$$

5. 二维正态分布

设二维连续型随机变量 (X,Y) 具有联合概率密度

$$f(x,y)=\frac{1}{2\pi\sigma_1\sigma_2\sqrt{1-\rho^2}}\exp\left\{\frac{-1}{2(1-\rho^2)}\left[\frac{(x-\mu_1)^2}{\sigma_1^2}-2\rho\frac{(x-\mu_1)(y-\mu_2)}{\sigma_1\sigma_2}+\frac{(y-\mu_2)^2}{\sigma_2^2}\right]\right\}\quad(x\in\mathbf{R},y\in\mathbf{R}),$$

其中 $\mu_1,\mu_2,\sigma_1,\sigma_2,\rho$ 都是常数,且 $\sigma_1>0,\sigma_2>0,-1<\rho<1$, 则称 (X,Y) 服从二维正态分布,记为 $(X,Y)\sim N(\mu_1,\sigma_1^2;\mu_2,\sigma_2^2;\rho)$.

若二维连续型随机变量 $(X,Y)\sim N(\mu_1,\sigma_1^2;\mu_2,\sigma_2^2;\rho)$, 则 $X\sim N(\mu_1,\sigma_1^2)$, $Y\sim N(\mu_2,\sigma_2^2)$.

若二维连续型随机变量 $(X,Y)\sim N(0,1;0,1;\rho)$, 则 $X\sim N(0,1)$, $Y\sim N(0,1)$.

(四)随机变量的独立性

(1)设 (X,Y) 为二维随机变量,若对任意实数 x, y, 有

$$P\{X\leqslant x,Y\leqslant y\}=P\{X\leqslant x\}P\{Y\leqslant y\}$$

成立,则称随机变量 X 与 Y 相互独立.

(2)设 (X,Y) 为二维随机变量,其联合分布函数为 $F(x,y)$, X 和 Y 的边缘分布函数分别为 $F_X(x)$, $F_Y(y)$, 则 X 与 Y 相互独立的充分必要条件是对一切实数对 (x,y), 都有

$$F(x,y)=F_X(x)\cdot F_Y(y).$$

(3)设 (X,Y) 为二维离散型随机变量,其联合分布律为 $P\{X=x_i,Y=y_j\}$, X 和 Y 的边缘分布律分别为 $P\{X=x_i\}$, $P\{Y=y_j\}$, 则 X 与 Y 相互独立的充分必要条件是对 (X,Y) 的任意一对取值 (x_i,y_j), 都有

$$P\{X=x_i,Y=y_j\}=P\{X=x_i\}\cdot P\{Y=y_j\}\quad(i,j=1,2,\cdots).$$

(4)设 (X,Y) 为二维连续型随机变量,其联合概率密度为 $f(x,y)$, X 和 Y 的边缘概率密度分别为 $f_X(x)$, $f_Y(y)$, 则 X 与 Y 相互独立的充分必要条件是对

$f(x,y)$, $f_X(x)$, $f_Y(y)$ 的一切公共连续点处,都有

$$f(x,y) = f_X(x) \cdot f_Y(y).$$

(5)独立性的性质 ① 若 $X_1,X_2,\cdots,X_n$ 相互独立,则其中任意 $m\ (2\leqslant m\leqslant n)$ 个随机变量也相互独立,反之不成立.

② 若 X 与 Y 相互独立, h 和 g 是连续函数,则 $h(X)$ 与 $g(Y)$ 也相互独立.

③ 若 $(X_1,X_2,\cdots,X_m)$ 与 $(X_{m+1},X_{m+2},\cdots,X_n)$ 相互独立, h 和 g 是连续函数,则 $h(X_1,X_2,\cdots,X_m)$ 与 $g(X_{m+1},X_{m+2},\cdots,X_n)$ 也相互独立.

(五)二维随机变量函数的分布

1. 二维离散型随机变量函数的分布

设二维离散型随机变量 (X,Y) 的联合分布律为

$$P\{X=x_i,Y=y_j\}=p_{ij},\quad i,j=1,2,\cdots.$$

若 (X,Y) 的函数 $Z=f(X,Y)$ 仍是离散型随机变量,则其分布律为

$$P\{Z=z_k\}=P\{f(X,Y)=z_k\}=\sum_{(x_i,y_j)\in S_k}P\{X=x_i,Y=y_j\},$$

其中 $S_k=\{(x_i,y_j):f(x_i,y_j)=z_k\}$.

2. 二维连续型随机变量函数的分布

设二维连续型随机变量 (X,Y) 的联合概率密度为 $f(x,y)$, 若 (X,Y) 的函数 $Z=f(X,Y)$ 仍是连续型随机变量,则其分布函数为

$$F_Z(z)=P\{Z\leqslant z\}=P\{f(X,Y)\leqslant z\}=\iint\limits_{\{(x,y)|G(x,y)\leqslant z\}}f(x,y)\mathrm{d}x\mathrm{d}y,$$

概率密度为

$$f_Z(z)=\begin{cases}F'_Z(z), & \text{在 } f_Z(z) \text{ 的连续点},\\ 0, & \text{其他}.\end{cases}$$

3. 和的分布(卷积公式)

设二维随机变量 (X,Y) 的联合概率密度为 $f(x,y)$, X 和 Y 的边缘概率密度分别为 $f_X(x)$, $f_Y(y)$, 则 $Z=X+Y$ 的概率密度为

$$f_Z(z)=\int_{-\infty}^{+\infty}f(x,z-x)\mathrm{d}x=\int_{-\infty}^{+\infty}f(z-y,y)\mathrm{d}y.$$

4. 极值分布

设随机变量 X 与 Y 相互独立,分布函数分别为 $F_X(x)$, $F_Y(y)$, 则最大值 $Z_1=\max(X,Y)$和最小值 $Z_2=\min(X,Y)$的分布函数分别为

$$
\begin{aligned}
F_{z_1} &= P\{\max(X,\ Y) \leqslant z\} = P\{X \leqslant z,\ Y \leqslant z\} \\
&= P\{X \leqslant z\}P\{Y \leqslant z\} = F_X(z)F_Y(z), \quad z \in \mathbf{R}; \\
F_{z_2} &= P\{\min(X,\ Y) \leqslant z\} = 1 - P\{\min(X,\ Y) > z\} \\
&= 1 - [1 - F_X(z)][1 - F_Y(z)], \quad z \in \mathbf{R}.
\end{aligned}
$$

三、释 疑 解 难

1. 多维随机变量的联合分布能否由各分量的边缘分布完全确定？在什么条件下可以？

多维随机变量的联合分布不能由各分量的边缘分布完全确定，因为联合分布不仅与各边缘分布有关系，还与各分量之间的联系有关系. 只有当几个分量的边缘分布相互独立的时候，联合分布才可以由几个边缘分布的乘积得出. 即

$$F(x_1, x_2, x_3 \cdots, x_n) = F_{X_1}(x_1) \cdot F_{X_2}(x_2) \cdot \cdots \cdot F_{X_n}(x_n).$$

特别地，当 X,Y 为二维离散型随机变量

$$P\{X = x_i, Y = y_j\} = P\{X = x_i\} \cdot P\{Y = y_j\}, \quad i,j = 1,2,\cdots.$$

当 X,Y 为二维连续型随机变量

$$f(x,y) = f_X(x) \cdot f_Y(y).$$

2. 怎样理解均匀分布的均匀性？如何判断二维随机变量是否服从均匀分布？

均匀分布是指随机变量的取值在数轴上的某一区间，二维平面的某一区域，三维空间的某一区域内取任何值的可能性是相同的.

(1)若一维随机变量 X 的概率密度为

$$f(x) = \begin{cases} \dfrac{1}{b-a}, & a < x < b, \\ 0, & \text{其他}, \end{cases}$$

则称 X 在区间 $[a,b]$ 上服从均匀分布，记为 $X \sim U[a,b]$.

一维均匀分布所描述的随机现象就是向区间内随机投点，随机点 X 落在 $[a,b]$ 的子区间内的概率只与该子区间的长度有关，而与子区间的位置无关.

(2)设 G 为平面上某个有界区域，其面积为 $S(G)$，如果二维连续型随机变量 (X,Y) 具有联合概率密度

$$f(x,y) = \begin{cases} \dfrac{1}{S(G)}, & (x,y) \in G, \\ 0, & (x,y) \notin G, \end{cases}$$

则称 (X,Y) 在区域 G 上服从二维均匀分布，记为 $(X,Y) \sim U(G)$.

若二维随机变量 $(X,Y) \sim U(G)$，则对任意区域 $D \subset G$，有

$$P\{(X,Y)\in D\}=\iint\limits_D f(x,y)\mathrm{d}\sigma=\frac{1}{S(G)}\iint\limits_D \mathrm{d}\sigma=\frac{S(D)}{S(G)}.$$

二维均匀分布所描述的随机现象就是向平面区域 G 中随机投点，随机点 (X,Y) 落在区域 G 的任何子区域 D 中的概率只与该子区域的面积有关，而与其位置无关.

同样，三维均匀分布所描述的随机现象就是向空间区域 V 中随机投点，随机点 (X,Y,Z) 落在 V 的任何子区域 W 中的概率只与该子区域的体积有关，而与其位置无关. 因此均匀分布又称为几何分布.

3. 如何理解多维随机变量的相互独立和两两独立?

设 n 维随机变量若 $X_1,X_2,\cdots,X_n$ 的联合分布函数为 $F(X_1,X_2,\cdots,X_n)$, X_k 的边缘分布函数为 $F_k(x_k)$, 若对所有实数组 $(x_1,x_2,\cdots,x_n)$ 均有

$$F(X_1,X_2,\cdots,X_n)=F_1(x_1)F_2(x_2)\cdots F_n(x_n)$$

成立，则称 $X_1,X_2,\cdots,X_n$ 相互独立；

n 为随机变量 $X_1,X_2,\cdots,X_n$ 中，任意两个变量 X_i,X_j, 若对所有实数组 (x_i,x_j) 均有

$$F(X_i,X_j)=F(x_i)F(x_j)$$

成立，则称 $X_1,X_2,\cdots,X_n$ 两两独立.

n 维随机变量相互独立要求其中任意 k 个随机变量相互独立，所以 n 维随机变量相互独立是比两两相互独立要求条件更高的独立. n 维随机变量相互独立一定两两独立，两两独立不一定 n 维随机变量相互独立.

4. 为什么说多维随机变量的独立性本质上是随机变量事件组的独立性?

由于多维随机变量相互独立满足

$$\begin{aligned}F(X_1,X_2,\cdots,X_n)&=F_1(x_1)F_2(x_2)\cdots F_n(x_n)\\&=P\{X_1\leqslant x_1\}P\{X_2\leqslant x_2\}\cdots P\{X_n\leqslant x_n\}.\end{aligned}$$

$\{X_1\leqslant x_1\},\{X_2\leqslant x_2\}\cdots\{X_n\leqslant x_n\}$ 可以看成 n 个相互独立的事件，所以多维随机变量的独立性本质上是随机变量事件组的独立性.

四、典 型 例 题

例 1 一个商店每周星期四进货以备星期五、星期六、星期日 3 天的销售，根据多周的销售情况统计，这 3 天销售件数 X_1,X_2,X_3 彼此独立，且有如下表所示分布.

X_1	10	11	12
P	0.2	0.7	0.1

X_2	13	14	15
P	0.3	0.6	0.1

X_3	17	18	19
P	0.1	0.8	0.1

问三天销售总量 $X=\sum_{i=1}^{3}X_i$ 可以取哪些值？如果进货 45 件，不够卖的概率是多少？如果进货 40 件，够卖的概率是多少？

解　因 X 的取值为三个随机变量 X_1,X_2,X_3 的可能取值之和，因此可能取值为 40，41，42，43，44，45，46.

如进货 45 件，不够卖的概率

$$\begin{aligned}P\{X=46\}&=P\{X_1=12\}P\{X_2=15\}P\{X_3=19\}\\&=0.1\times0.1\times0.1=0.001.\end{aligned}$$

如进货 40 件，够卖的概率为

$$\begin{aligned}P\{X=40\}&=P\{X_1=10\}P\{X_2=13\}P\{X_3=17\}\\&=0.2\times0.3\times0.1=0.006.\end{aligned}$$

例 2　设随机变量 (X,Y) 的密度函数为 $f(x,y)=\begin{cases}ke^{-(2x+2y)}, & x>0,y>0,\\0, & \text{其他}.\end{cases}$

(1) 确定常数 k；

(2) 求 (X,Y) 的联合分布函数；

(3) 求 $P\{X+Y\leqslant1\}$；

(4) X,Y 是否相互独立.

解　(1) 由于二维连续型随机变量的联合概率密度满足 $\int_{-\infty}^{+\infty}\int_{-\infty}^{+\infty}f(x,y)\mathrm{d}x\mathrm{d}y=1$ 的性质，故

$$\begin{aligned}1&=\int_{-\infty}^{+\infty}\int_{-\infty}^{+\infty}f(x,y)\mathrm{d}x\mathrm{d}y\\&=\int_{0}^{+\infty}\int_{0}^{+\infty}ke^{-(2x+2y)}\mathrm{d}x\mathrm{d}y\\&=k\left(-\frac{1}{2}e^{-2y}\right)\Big|_0^{\infty}\cdot\left(-\frac{1}{2}e^{-2x}\right)\Big|_0^{\infty}=\frac{k}{4}.\end{aligned}$$

因此 $k=4$.

(2) 当 $x>0,\ y>0$ 时

$$F(x,y)=\int_0^y\int_0^x4e^{-(2u+2v)}\mathrm{d}u\mathrm{d}v$$

$$=4\cdot\frac{1}{4}(1-\mathrm{e}^{-2x})(1-\mathrm{e}^{-2y})$$
$$=(1-\mathrm{e}^{-2x})(1-\mathrm{e}^{-2y}).$$

当 x, y 取其他值时，$F(x,y)=0$.

因此

$$F(x,y)=\begin{cases}(1-\mathrm{e}^{-2x})(1-\mathrm{e}^{-2y}), & x>0,\ y>0,\\ 0, & \text{其他}.\end{cases}$$

(3)

$$P\{X+Y\leqslant 1\}=\iint\limits_{x+y\leqslant 1} f(x,y)\mathrm{d}x\mathrm{d}y=\int_0^1\mathrm{d}y\int_0^{1-y}4\mathrm{e}^{-(2x+2y)}\mathrm{d}x$$
$$=\int_0^1 2\mathrm{e}^{-2y}(1-\mathrm{e}^{-2(1-y)})\mathrm{d}y=1-3\mathrm{e}^{-2}.$$

(4) 由联合分布函数求边缘分布函数

$$F_X(x)=F(x,+\infty)=\begin{cases}(1-\mathrm{e}^{-2x}), & x>0,\\ 0, & x\leqslant 0;\end{cases}$$
$$F_Y(y)=F(+\infty,y)=\begin{cases}(1-\mathrm{e}^{-2y}), & y>0,\\ 0, & y\leqslant 0.\end{cases}$$

因为 $F(x,y)=F_X(x)F_Y(y)$，所以 X,Y 是否相互独立.

例 3 随机地向半圆 $\Omega=\{(x,y)\mid 0\leqslant y\leqslant\sqrt{4x-x^2}\}$ 内掷点，点落在半圆内任何区域的概率与该区域的面积成正比，试求该点到原点的距离不大于 2 的概率.

解 设点的坐标 (X,Y)，随机点 (X,Y) 落在半圆内任何区域的概率与该区域的面积成正比，因此 (X,Y) 在区域 $\Omega=\{(x,y)\mid 0\leqslant y\leqslant\sqrt{4x-x^2}\}$ 上服从二维均匀分布，$S_\Omega=2\pi$. 其概率密度为

$$f(x,y)=\begin{cases}\dfrac{1}{2\pi}, & (x,y)\in\Omega,\\ 0, & \text{其他}.\end{cases}$$

随机点 (X,Y) 到原点的距离不大于 2，即 (X,Y) 落在区域 $A=\{(x,y)\mid x^2+y^2\leqslant 4,\ 0\leqslant y\leqslant\sqrt{4x-x^2}\}$ 内，如图 3.1 所示，故所求概率为

$$P\{(X,Y)\in A\}=\frac{S_A}{S_\Omega}=\frac{\int_0^{\sqrt{3}}[\sqrt{4-y^2}-(2-\sqrt{4-y^2})]}{2\pi}$$
$$=\frac{\frac{4}{3}\pi-\sqrt{3}}{2\pi}=\frac{4\pi-3\sqrt{3}}{6\pi}.$$

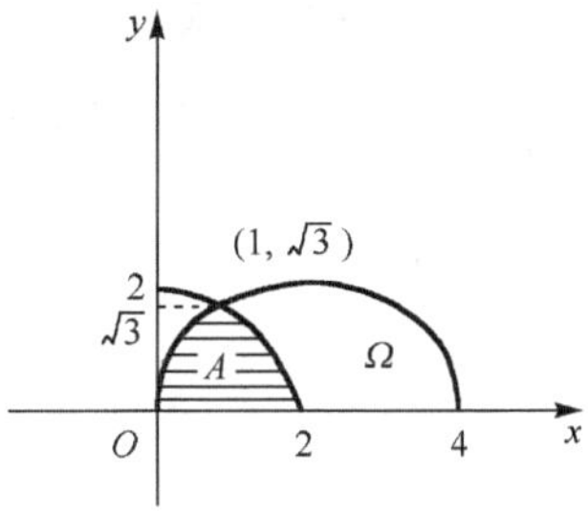

图 3.1

五、习题解答

1. 将两个元件并联组成一个电子部件，两个元件的寿命分别为 X 与 Y（单位：小时），已知 (X,Y) 的联合分布函数为

$$F(x,y)=\begin{cases}1-e^{-0.01x}-e^{-0.01y}+e^{-0.01(x+y)}, & x\geqslant 0,y\geqslant 0,\\ 0, & \text{其他}.\end{cases}$$

试求：(1)关于 X、Y 的边缘分布函数；(2)此电子部件正常工作 120 小时以上的概率.

解　(1) X 的边缘分布函数

$$F_X(x)=\lim_{y\to+\infty}F(x,y)=\begin{cases}1\quad e^{-0.01x}, & x\geqslant 0,\\ 0, & \text{其他}.\end{cases}$$

Y 的边缘分布函数

$$F_Y(y)=\lim_{x\to+\infty}F(x,y)=\begin{cases}1-e^{-0.01y}, & y\geqslant 0,\\ 0, & \text{其他}.\end{cases}$$

(2)由二维随机变量的相容性，可知对于任意实数 $x_1<x_2,y_1<y_2$，有

$$\begin{aligned}&P\{x_1<X\leqslant x_2,y_1<Y\leqslant y_2\}\\ =&F(x_2,y_2)-F(x_2,y_1)-F(x_1,y_2)+F(x_1,y_1)\geqslant 0,\\ &P\{X>120\cup Y>120\}\\ =&1-P\{0<X\leqslant 120,0<Y\leqslant 120\}\\ =&1-F(120,120)+F(0,120)+F(120,0)-F(0,0)\\ =&0.5117.\end{aligned}$$

2. 袋中有 5 个球，分别标号 1,2,3,4,5，现从中任取 3 个球，设 X 和 Y 分别表示取出球的号码中的最大值和最小值，求二维随机变量 (X,Y) 的联合分布律.

解 X 的可能取值为 3,4,5, Y 的可能取值为 1,2,3,则

$$P\{X=3,Y=1\}=\frac{1}{C_5^3}=\frac{1}{10},\quad P\{X=3,Y=2\}=0,$$

$$P\{X=3,Y=3\}=0,\quad P\{X=4,Y=1\}=\frac{2}{C_5^3}=\frac{2}{10},$$

$$P\{X=4,Y=2\}=\frac{1}{C_5^3}=\frac{1}{10},\quad P\{X=4,Y=3\}=0,$$

$$P\{X=5,Y=1\}=\frac{3}{C_5^3}=\frac{3}{10},\quad P\{X=5,Y=2\}=\frac{2}{C_5^3}=\frac{2}{10},$$

$$P\{X=5,Y=3\}=\frac{1}{C_5^3}=\frac{1}{10},$$

故 (X,Y) 的联合分布律为

X \ Y	1	2	3
3	$\frac{1}{10}$	0	0
4	$\frac{2}{10}$	$\frac{1}{10}$	0
5	$\frac{3}{10}$	$\frac{2}{10}$	$\frac{1}{10}$

3. 将三封信投入 3 个编号为 1,2,3 的信箱,用 X,Y 分别表示投入第 1,2 号信箱信的数目. 求 (X,Y) 的联合分布律和关于 X,Y 边缘分布律;并判断 X,Y 是否相互独立.

解 X 的可能取值为 0,1,2,3, Y 的可能取值也为 0,1,2,3,则

$$P\{X=0,Y=0\}=\frac{1}{3^3},\quad P\{X=0,Y=1\}=\frac{3}{3^3},$$

$$P\{X=0,Y=2\}=\frac{C_3^2}{3^3}=\frac{3}{3^3},\quad P\{X=0,Y=3\}=\frac{1}{3^3},$$

$$P\{X=1,Y=0\}=\frac{3}{3^3},\quad P\{X=1,Y=1\}=\frac{3\times 2}{3^3},$$

$$P\{X=1,Y=2\}=\frac{3\times 1}{3^3},\quad P\{X=1,Y=3\}=0,$$

$$P\{X=2,Y=0\}=\frac{C_3^2}{3^3},\quad P\{X=2,Y=1\}=\frac{3}{3^3},$$

$$P\{X=2,Y=2\}=0,\quad P\{X=2,Y=3\}=0,\quad P\{X=3,Y=0\}=\frac{1}{3^3},$$

$$P\{X=3,Y=1\}=P\{X=3,Y=2\}=P\{X=3,Y=3\}=0.$$

故 (X,Y) 的联合分布律及边缘分布律为

$Y \backslash X$	0	1	2	3	$p_{\cdot j}$
0	$\frac{1}{27}$	$\frac{3}{27}$	$\frac{3}{27}$	$\frac{1}{27}$	$\frac{8}{27}$
1	$\frac{3}{27}$	$\frac{6}{27}$	$\frac{3}{27}$	0	$\frac{12}{27}$
2	$\frac{3}{27}$	$\frac{3}{27}$	0	0	$\frac{6}{27}$
3	$\frac{1}{27}$	0	0	0	$\frac{1}{27}$
$p_{i\cdot}$	$\frac{8}{27}$	$\frac{12}{27}$	$\frac{6}{27}$	$\frac{1}{27}$	1

由于 $P_{ij} \neq P_{i}.P._{j}$，故 X, Y 不独立.

4. 设随机变量 $Z \sim U[-2,2]$，令 $X=\begin{cases}-1, & Z \leqslant -1,\\ 1, & Z>-1,\end{cases}$ $Y=\begin{cases}-1, & Z \leqslant 1,\\ 1, & Z>1,\end{cases}$ 求二维随机变量 (X,Y) 的联合分布律.

解　由于 Z 服从 $[-2,2]$ 上的均匀分布，概率密度为

$$f(x)=\begin{cases}\frac{1}{4}, & -2 \leqslant x \leqslant 2,\\ 0, & \text{其他}.\end{cases}$$

$$P\{X=-1,Y=-1\}=P\{(Z\leqslant -1)\cap(Z\leqslant 1)\}=P\{Z\leqslant -1\}=\frac{1}{4},$$

$$P\{X=-1,Y=1\}=P\{(Z\leqslant -1)\cap(Z>1)\}=P(\varnothing)=0,$$

$$P\{X=1,Y=-1\}=P\{(Z>-1)\cap(Z\leqslant 1)\}=P\{-1<Z\leqslant -1\}=\frac{2}{4},$$

$$P\{X=1,Y=1\}=P\{(Z>-1)\cap(Z>1)\}=P\{Z>1\}=\frac{1}{4},$$

故 (X,Y) 的联合分布律为

$X \backslash Y$	-1	1
-1	$\frac{1}{4}$	0
1	$\frac{1}{2}$	$\frac{1}{4}$

5. 设二维随机变量 的联合概率密度为

$$f(x,y)=\begin{cases}k(6-x-y), & 0<x<2,2<y<4,\\0, & \text{其他}.\end{cases}$$

试求：(1)常数 k；(2)求 $P\{X<1.5\}$；(3)求 $P\{X+Y\leqslant 4\}$.

解　(1) 由于二维连续型随机变量的联合概率密度满足 $\int_{-\infty}^{+\infty}\int_{-\infty}^{+\infty}f(x,y)\mathrm{d}x\mathrm{d}y=1$ 的性质，故

$$1=\int_{-\infty}^{+\infty}\int_{-\infty}^{+\infty}f(x,y)\mathrm{d}x\mathrm{d}y=\int_{2}^{4}\int_{0}^{2}k(6-x-y)\mathrm{d}x\mathrm{d}y=8k,$$

所以 $k=\dfrac{1}{8}$.

(2) 根据已知条件，积分区域如图 3.2 所示.

$$P\{X<1.5\}=\int_{2}^{4}\int_{0}^{1.5}\frac{1}{8}(6-x-y)\mathrm{d}x\mathrm{d}y=\frac{27}{32}.$$

(3) 根据已知条件，积分区域如图 3.3 所示.

$$P\{X+Y\leqslant 4\}=\int_{0}^{2}\int_{2}^{4-x}\frac{1}{8}(6-x-y)\mathrm{d}y\mathrm{d}x=\frac{2}{3}.$$

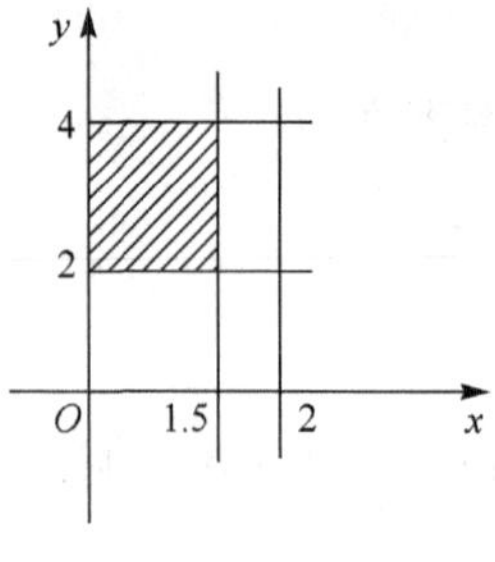

图 3.2

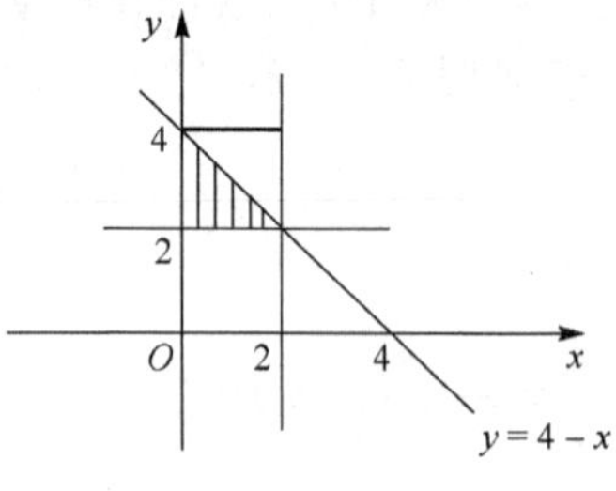

图 3.3

6. 设二维随机变量 (X,Y) 的联合概率密度为

$$f(x,y)=\begin{cases}Cx^2y, & x^2\leqslant y\leqslant 1,\\0, & \text{其他}.\end{cases}$$

试求：(1)常数 C；(2) X 的边缘概率密度 $f_X(x)$；(3) $P\{X\geqslant Y\}$.

解　(1)由于二维连续型随机变量的联合概率密度满足 $\int_{-\infty}^{+\infty}\int_{-\infty}^{+\infty}f(x,y)\mathrm{d}x\mathrm{d}y=1$ 的性质. 参见图 3.4，积分可化为

$$\begin{aligned}1&=\int_{-\infty}^{+\infty}\int_{-\infty}^{+\infty}f(x,y)\mathrm{d}x\mathrm{d}y=\int_{-1}^{1}\int_{x^2}^{1}Cx^2y\mathrm{d}x\mathrm{d}y\\&=C\int_{-1}^{1}x^2\cdot\frac{1}{2}y^2\Big|_{x^2}^{1}\mathrm{d}x=\frac{4C}{21},\end{aligned}$$

故

$$C=\frac{21}{4}.$$

(2) 根据已知条件,积分区域如图 3.4 所示.

$$f_X(x)=\int_{-\infty}^{+\infty}f(x,y)\mathrm{d}y=\begin{cases}\int_{x^2}^{1}\frac{21}{4}x^2y\mathrm{d}y=\frac{21x^2(1-x^4)}{8}, & -1\leqslant x\leqslant 1,\\0, & \text{其他}.\end{cases}$$

(3) 根据已知条件,积分区域如图 3.5 所示.

$$P\{X\geqslant Y\}=\int_0^1\int_{x^2}^{x}\frac{21}{4}x^2y\mathrm{d}y\mathrm{d}x=\frac{21}{4}\int_{-1}^{1}x^2\cdot\frac{1}{2}y^2\Big|_{x^2}^{x}\mathrm{d}x=0.15.$$

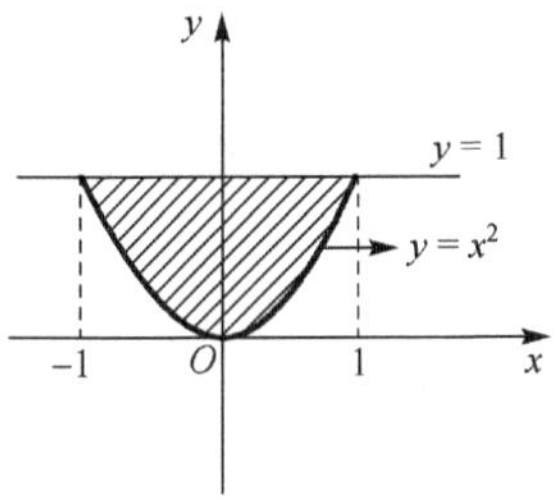

图 3.4

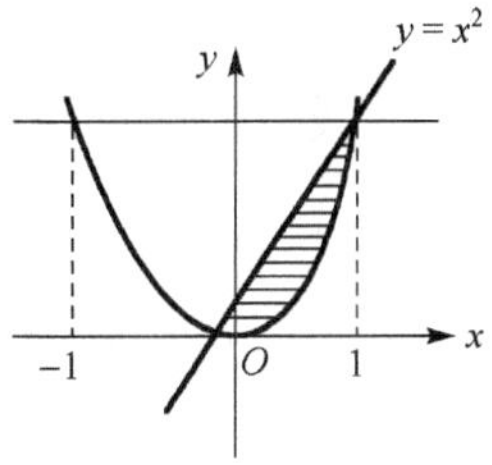

图 3.5

7. 设二维随机变量 (X,Y) 的联合概率密度为

$$f(x,\ y)=\begin{cases}12\mathrm{e}^{-3x-4y}, & x>0,\ y>0\\0, & \text{其他}.\end{cases}$$

试求:(1) (X,Y) 的联合分布函数 $F(x,y)$;(2) $P\{0<X\leqslant 1,\ 0<Y\leqslant 2\}$.

解　(1)由联合概率密度函数和联合分布函数的关系可得

$$\begin{aligned}F(x,y)&=\int_{-\infty}^{y}\int_{-\infty}^{x}f(u,v)\mathrm{d}u\mathrm{d}v\\&=\begin{cases}\int_0^x\int_0^y 12\mathrm{e}^{-3u-4v}\mathrm{d}u\mathrm{d}v=(1-\mathrm{e}^{-3x})(1-\mathrm{e}^{-4y}), & x>0,y>0,\\0, & \text{其他}.\end{cases}\end{aligned}$$

(2) $P\{0<X\leqslant 1,\ 0<Y\leqslant 2\}=\int_0^2\int_0^1 12\mathrm{e}^{-3x-4y}\mathrm{d}x\mathrm{d}y=0.9499.$

8. 设二元函数为

$$f(x,\ y)=\begin{cases}\sin x\cos y, & 0\leqslant x\leqslant\pi,\ C\leqslant y\leqslant\frac{\pi}{2},\\0, & \text{其他}.\end{cases}$$

问 C 取何值时,$f(x,y)$ 是二维随机变量的概率密度?

解　由于二维连续型随机变量的联合概率密度满足 $\int_{-\infty}^{+\infty}\int_{-\infty}^{+\infty}f(x,y)\mathrm{d}x\mathrm{d}y=1$

的性质,故

$$\begin{aligned}1&=\int_{-\infty}^{+\infty}\int_{-\infty}^{+\infty}f(x,y)\mathrm{d}x\mathrm{d}y\\&=\int_{C}^{\frac{\pi}{2}}\int_{0}^{\pi}\sin x\cos y\mathrm{d}x\mathrm{d}y\\&=\int_{0}^{\pi}\sin x\mathrm{d}x\int_{C}^{\frac{\pi}{2}}\cos y\mathrm{d}y\\&=(-\cos x)\Big|_{0}^{\pi}\cdot\sin y\Big|_{C}^{\frac{\pi}{2}}=2(1-\sin C),\end{aligned}$$

得

$$C=\frac{\pi}{6}.$$

9. 在长为 a 的线段的中点两侧随机地各取一个点,求两点间的距离小于 $\frac{a}{3}$ 的概率.

解　设两点到中点的距离分别为 X,Y. X,Y 服从 $G=\left\{(x,y)\middle|0<x<\frac{a}{2},0<y<\frac{a}{2}\right\}$ 上的均匀分布,两点的距离为 $x+y<\frac{a}{3}$, 其中 $0<x,y<a/2$, 如图 3.6 所示建立坐标系. 记 $D=\left\{(x,y)\middle|0<x<\frac{a}{3},0<y<\frac{a}{3}-x\right\}$, 由于 X,Y 都服从 $\left[0,\frac{a}{2}\right]$ 的均匀分布,故概率为面积比,即

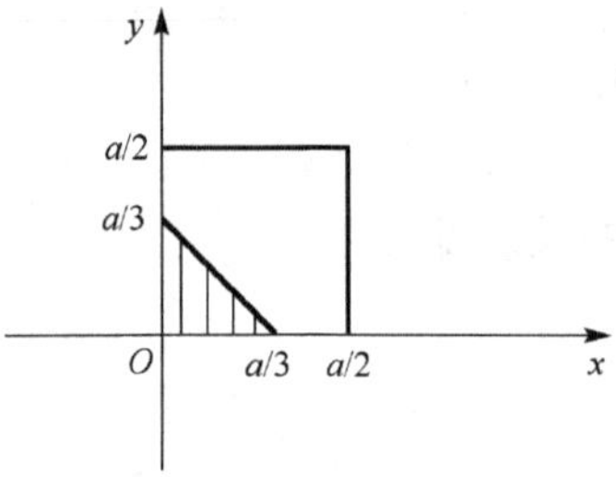

图 3.6

$$P\{x+y<a/3\}=\frac{S_D}{S_G}=\frac{\frac{1}{2}\times\frac{a}{3}\times\frac{a}{3}}{\frac{a}{2}\times\frac{a}{2}}=\frac{2}{9}.$$

10. 设随机变量 X 与 Y 相互独立, X 在(0,1)上服从均匀分布, Y 的概率密度为

$$f_Y(y)=\begin{cases}\frac{1}{2}\mathrm{e}^{-\frac{y}{2}}, & y>0,\\0, & \text{其他}.\end{cases}$$

(1) 求 X 和 Y 的联合概率密度;

(2) 设含有 a 的二次方程 $a^2+2Xa+Y=0$, 试求 a 有实根的概率.

解　(1) 由于 X 在(0,1)上服从均匀分布,则

$$f_X(x)=\begin{cases}1, & 0<x<1,\\0, & \text{其他}.\end{cases}$$

X,Y 相互独立，故

$$f(x,y)=f_X(x)f_Y(y)=\begin{cases}\dfrac{1}{2}\mathrm{e}^{-\frac{y}{2}}, & 0<x<1,y>0,\\ 0, & 其他.\end{cases}$$

(2) 求 $a^2+2Xa+Y=0$ 有实根的概率，如图 3.7 所示，即求

$$P\{Y\leqslant X^2\}=P\{-X\leqslant Y\leqslant X\}=\int_0^1\mathrm{d}x\int_0^x\frac{1}{2}\mathrm{e}^{-\frac{y}{2}}\mathrm{d}y$$

$$=\int_0^1(-\mathrm{e}^{-\frac{y}{2}})\Big|_0^x\mathrm{d}x=\int_0^1(1-\mathrm{e}^{-\frac{x}{2}})\mathrm{d}x$$

$$=(x+2\mathrm{e}^{-\frac{x}{2}})\Big|_0^x=2\mathrm{e}^{-\frac{1}{2}}-1.$$

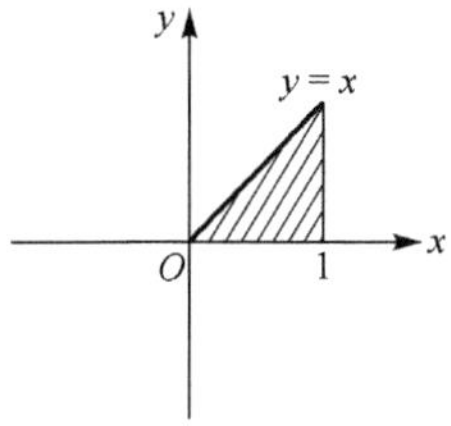

图 3.7

11. 设二维随机变量 (X,Y) 的联合分布律为

X \ Y	-1	0	2
0	0.18	0.30	0.12
1	a	b	c

若 X 与 Y 相互独立，则 a, b, c 各取什么值？

解

X \ Y	-1	0	2	$p_{i\cdot}$
0	0.18	0.30	0.12	0.6
1	a	b	c	$a+b+c$
$p_{\cdot j}$	$0.18+a$	$0.3+b$	$0.12+c$	1

因为 X 与 Y 相互独立，故 $p_{ij}=p_{i\cdot}\,p_{\cdot j}$，即

$$\begin{cases}0.18=(0.18+a)0.6,\\ 0.3=(0.3+b)0.6,\\ 0.12=(0.12+b)0.6,\end{cases}$$

解得

$$a=0.12,\quad b=0.20,\quad c=0.08.$$

12. 甲乙两人独立地各进行两次射击，假设甲的命中率为 $\frac{1}{5}$，乙的命中率为 $\frac{1}{2}$，以 X 和 Y 分别表示甲和乙的命中次数，求 $P\{X\leqslant Y\}$.

解　甲和乙的命中次数 $X\sim B\left(2,\frac{1}{5}\right)$，$Y\sim B\left(2,\frac{1}{2}\right)$，故

$$P\{X=k\}=C_2^k\left(\frac{1}{5}\right)^k\left(\frac{4}{5}\right)^{2-k},$$

$$P\{Y=k\}=C_2^k\left(\frac{1}{2}\right)^k\left(\frac{1}{2}\right)^{2-k}\quad(k=0,1,2).$$

又 X 与 Y 相互独立，即 $p_{ij}=p_{i\cdot}p_{\cdot j}$，故

$$P\{X=0,Y=0\}=C_2^0\left(\frac{1}{5}\right)^0\left(\frac{4}{5}\right)^2C_2^0\left(\frac{1}{2}\right)^0\left(\frac{1}{2}\right)^2=\frac{16}{25}\times\frac{1}{4}=\frac{4}{25},$$

$$P\{X=0,Y=1\}=C_2^0\left(\frac{1}{5}\right)^0\left(\frac{4}{5}\right)^2C_2^1\left(\frac{1}{2}\right)^1\left(\frac{1}{2}\right)^1=\frac{16}{25}\times\frac{1}{2}=\frac{8}{25},$$

$$P\{X=0,Y=2\}=C_2^0\left(\frac{1}{5}\right)^0\left(\frac{4}{5}\right)^2C_2^2\left(\frac{1}{2}\right)^2\left(\frac{1}{2}\right)^0=\frac{16}{25}\times\frac{1}{4}=\frac{4}{25},$$

$$P\{X=1,Y=0\}=C_2^1\left(\frac{1}{5}\right)^1\left(\frac{4}{5}\right)^1C_2^0\left(\frac{1}{2}\right)^0\left(\frac{1}{2}\right)^2=\frac{8}{25}\times\frac{1}{4}=\frac{2}{25},$$

$$P\{X=1,Y=1\}=C_2^1\left(\frac{1}{5}\right)^1\left(\frac{4}{5}\right)^1C_2^1\left(\frac{1}{2}\right)^1\left(\frac{1}{2}\right)^1=\frac{8}{25}\times\frac{1}{2}=\frac{4}{25},$$

$$P\{X=1,Y=2\}=C_2^1\left(\frac{1}{5}\right)^1\left(\frac{4}{5}\right)^1C_2^2\left(\frac{1}{2}\right)^2\left(\frac{1}{2}\right)^0=\frac{8}{25}\times\frac{1}{4}=\frac{2}{25},$$

$$P\{X=2,Y=0\}=C_2^2\left(\frac{1}{5}\right)^2\left(\frac{4}{5}\right)^0C_2^0\left(\frac{1}{2}\right)^0\left(\frac{1}{2}\right)^2=\frac{1}{25}\times\frac{1}{4}=\frac{1}{100},$$

$$P\{X=2,Y=1\}=C_2^2\left(\frac{1}{5}\right)^2\left(\frac{4}{5}\right)^0C_2^1\left(\frac{1}{2}\right)^1\left(\frac{1}{2}\right)^1=\frac{1}{25}\times\frac{1}{2}=\frac{1}{50},$$

$$P\{X=2,Y=2\}=C_2^2\left(\frac{1}{5}\right)^2\left(\frac{4}{5}\right)^0C_2^2\left(\frac{1}{2}\right)^2\left(\frac{1}{2}\right)^0=\frac{1}{25}\times\frac{1}{4}=\frac{1}{100}.$$

X \ Y	0	1	2
0	$\frac{4}{25}$	$\frac{8}{25}$	$\frac{4}{25}$
1	$\frac{2}{25}$	$\frac{4}{25}$	$\frac{2}{25}$
2	$\frac{1}{100}$	$\frac{1}{50}$	$\frac{1}{100}$

$$P\{X \leqslant Y\} = \frac{4}{25} + \frac{8}{25} + \frac{4}{25} + \frac{4}{25} + \frac{2}{25} + \frac{1}{100} = 0.89.$$

13. 设二维随机变量 (X,Y) 的联合概率密度为

$$f(x,y) = \begin{cases} Cxy^2, & 0 < x < 1, 0 < y < 1, \\ 0, & \text{其他}. \end{cases}$$

确定常数 C，并讨论 X 与 Y 是否相互独立.

解　由于二维连续型随机变量的联合概率密度满足 $\int_{-\infty}^{+\infty}\int_{-\infty}^{+\infty} f(x,y)\mathrm{d}x\mathrm{d}y = 1$ 的性质，故

$$1 = \int_{-\infty}^{+\infty}\int_{-\infty}^{+\infty} f(x,y)\mathrm{d}x\mathrm{d}y = \int_0^1\int_0^1 Cxy^2\mathrm{d}x\mathrm{d}y = \frac{C}{6},$$

故

$$C = 6.$$

X 的边缘概率密度

$$f_X(x) = \int_{-\infty}^{+\infty} f(x,y)\mathrm{d}y = \begin{cases} \int_0^1 6xy^2\mathrm{d}y = 2x, & 0 \leqslant x \leqslant 1, \\ 0, & \text{其他}. \end{cases}$$

Y 的边缘概率密度

$$f_Y(y) = \int_{-\infty}^{+\infty} f(x,y)\mathrm{d}y = \begin{cases} \int_0^1 6xy^2\mathrm{d}x = 3y^2, & 0 \leqslant y \leqslant 1, \\ 0, & \text{其他}. \end{cases}$$

由于

$$f(x,y) = 6xy^2 = f_X(x)f_Y(y).$$

故 X 与 Y 相互独立.

14. 设二维随机变量 (X,Y) 的联合概率密度为

$$f(x,y) = \begin{cases} 3x, & 0 < x < 1, 0 < y < x, \\ 0, & \text{其他} \end{cases}$$

问 X 与 Y 是否相互独立?

解　根据题意，$f(x,y)$ 的定义区域如图 3.8 所示. X 的边缘概率密度

$$f_X(x)=\int_{-\infty}^{+\infty}f(x,y)\mathrm{d}y=\begin{cases}\int_0^x 3x\mathrm{d}y=3xy\big|_0^x=3x^2, & 0\leqslant x\leqslant 1,\\ 0, & \text{其他}.\end{cases}$$

Y 的边缘概率密度

$$f_Y(y)=\int_{-\infty}^{+\infty}f(x,y)\mathrm{d}y=\begin{cases}\int_y^1 3x\mathrm{d}x=\dfrac{3}{2}x^2\Big|_y^1=\dfrac{3}{2}(1-y^2), & 0\leqslant y\leqslant 1,\\ 0, & \text{其他}.\end{cases}$$

由于

$$f(x,y)\neq f_X(x)f_Y(y),$$

故 X 与 Y 不独立.

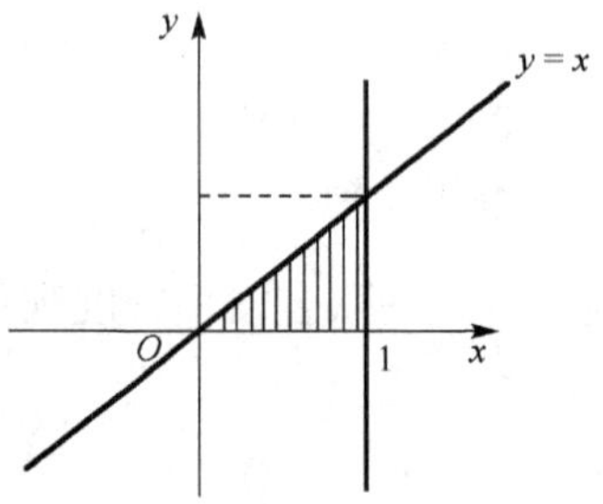

图 3.8

15. 设随机变量 X 与 Y 相互独立，$X\sim U(0,\ 2)$，$Y\sim \mathrm{Exp}(1)$，试求：

(1) $P\{-1<X<1,\ 0<Y<2\}$；

(2) $P\{X+Y>1\}$.

解　由 $X\sim U(0,\ 2)$，故

$$f_X(x)=\begin{cases}\dfrac{1}{2}, & 0<x<2,\\ 0, & \text{其他}.\end{cases}$$

$Y\sim \mathrm{Exp}(1)$，故

$$f_Y(y)=\begin{cases}\mathrm{e}^{-y}, & y>0,\\ 0, & \text{其他}.\end{cases}$$

X,Y 相互独立，所以

$$f(x,y)=f_X(x)f_Y(y)=\begin{cases}\dfrac{1}{2}\mathrm{e}^{-y}, & 0<x<2,y>0,\\ 0, & \text{其他}.\end{cases}$$

(1) $P\{-1<X<1,\ 0<Y<2\}=\int_0^1\int_0^2\dfrac{1}{2}\mathrm{e}^{-y}\mathrm{d}y\mathrm{d}x=\dfrac{1-\mathrm{e}^{-2}}{2}.$

(2) 根据已知条件,积分区域如图 3.9 所示.

$$P\{X+Y>1\}=\int_0^1 \mathrm{d}x\int_0^x \frac{1}{2}\mathrm{e}^{-y}\mathrm{d}y=\int_0^1 -\frac{1}{2}\mathrm{e}^{-y}\Big|_0^x \mathrm{d}x=\frac{\mathrm{e}^{-1}}{2}.$$

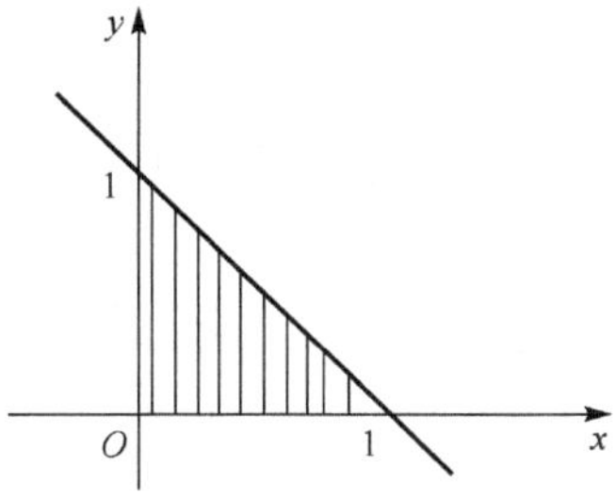

图 3.9

16. 设二维随机变量 (X,Y) 的联合分布律为

X \ Y	1	2	3
1	$\frac{1}{4}$	$\frac{1}{4}$	$\frac{1}{8}$
2	$\frac{1}{8}$	0	0
3	$\frac{1}{8}$	$\frac{1}{8}$	0

试求 $X+Y, X-Y, 2X, XY$ 的分布律.

解　$X+Y$ 的分布律为

$X+Y$	2	3	4	5	6
P	$\frac{1}{4}$	$\frac{3}{8}$	$\frac{1}{4}$	$\frac{1}{8}$	0

$X-Y$ 的分布律为

$X-Y$	-2	-1	0	1	2
P	$\frac{1}{8}$	$\frac{1}{4}$	$\frac{1}{4}$	$\frac{1}{4}$	$\frac{1}{8}$

$2X$ 的分布律为

$2X$	2	4	6
P	$\frac{5}{8}$	$\frac{1}{8}$	$\frac{1}{4}$

XY 的分布律为

XY	1	2	3	4	6	9
P	$\frac{1}{4}$	$\frac{3}{8}$	$\frac{1}{4}$	0	$\frac{1}{8}$	0

17. 设二维随机变量 (X,Y) 的联合概率密度是

$$f(x,y)=\begin{cases}2e^{-(x+2y)}, & x,y>0,\\ 0, & \text{其他}.\end{cases}$$

求随机变量 $Z=X+2Y$ 的分布函数和概率密度.

解 当 $z>0$ 时

$$F_z(z)=P\{Z\leqslant z\}=P\{X+2Y\leqslant z\}=\iint\limits_{x+2y\leqslant z}f(x,y)\mathrm{d}x\mathrm{d}y$$

$$=\int_0^z\int_0^{\frac{z-x}{2}}2e^{-(x+2y)}\mathrm{d}y\mathrm{d}x=1-e^{-z}-ze^{-z}.$$

当 $z\leqslant 0$ 时, $F_z(z)=0$. 故 $Z=X+2Y$ 的分布函数

$$F_z(z)=\begin{cases}1-e^{-z}-ze^{-z}, & z>0,\\ 0, & \text{其他}.\end{cases}$$

$Z=X+2Y$ 的概率密度为

$$f_z(z)=F_z(z)'=\begin{cases}ze^{-z}, & z>0,\\ 0, & \text{其他}.\end{cases}$$

18. 对某种电子装置的输出测量了 5 次,得到的观察值为 X_1,X_2,X_3,X_4,X_5,设它们是相互独立的装置,且都服从同一分布

$$F(x)=\begin{cases}1-e^{-\frac{x^2}{8}}, & x>0,\\ 0, & \text{其他}.\end{cases}$$

试求:$Z=\max\{X_1,X_2,X_3,X_4,X_5\}>4$ 的概率.

解 由于 X_1,X_2,X_3,X_4,X_5 是相互独立的装置且服从相同的分布,故 $Z=\max\{X_1,X_2,X_3,X_4,X_5\}$ 的分布函数为

$$F_z(z)=F(z)^5==\begin{cases}(1-e^{-\frac{z^2}{8}})5, & z>0,\\ 0, & \text{其他}.\end{cases}$$

$$P\{Z>4\}=1-P\{Z\leqslant 4\}=1-[F_Z(4)]^5=1-(1-e^{-2})^5.$$

19. 设二维随机变量 (X,Y) 的联合概率密度为

$$f(x,y)=\begin{cases}x+y, & 0\leqslant x\leqslant 1,\ 0\leqslant y\leqslant 1,\\ 0, & \text{其他}.\end{cases}$$

求随机变量 $Z=X+Y$ 的概率密度.

解　由卷积公式 $f_Z(z)=\int_{-\infty}^{+\infty}f(x,z-x)\mathrm{d}x=\int_{-\infty}^{+\infty}f(z-y,y)\mathrm{d}y$ 可知：

当 $Z\leqslant 0$ 或 $Z\geqslant 2$ 时，$f_z(z)=0$；

当 $0\leqslant Z\leqslant 1$ 时，

$$f_z(z)=\int_{-\infty}^{+\infty}f(x,z-x)\mathrm{d}x=\int_0^z z\mathrm{d}x=z^2;$$

当 $1<Z<2$ 时，

$$f_z(z)=\int_{-\infty}^{+\infty}f(x,z-x)\mathrm{d}x=\int_{z-1}^1 z\mathrm{d}x=z(2-z).$$

综上，Z 的概率密度为

$$f_z(z)=\begin{cases}z^2, & 0<z<1,\\ z(2-z), & 1\leqslant z<2,\\ 0, & \text{其他}.\end{cases}$$

第4章　随机变量的数字特征

一、基本要求

1. 理解随机变量的数学期望和方差的概念，掌握数学期望和方差的性质和有关计算，会计算随机变量函数的数学期望.

2. 熟知二项分布、泊松分布、均匀分布、指数分布和正态分布的数学期望和方差.

3. 了解矩的概念.

4. 理解协方差和相关系数的概念、性质及有关运算.

5. 会应用数学期望与方差解决实际问题.

二、内容提要

(一)数学期望

1. 数学期望的定义

设离散型随机变量 X 的分布律为 $P\{X=x_i\}=p_i(i=1,2,\cdots)$，若

$$\sum_{i=1}^{\infty}|x_i|p_i<+\infty,$$

则称

$$E(X)=\sum_{i=1}^{\infty}p_ix_i$$

为离散型随机变量 X 的数学期望.

设连续型随机变量 X 的概率密度为 $f(x)$，若 $\int_{-\infty}^{+\infty}|x|f(x)\mathrm{d}x<+\infty$，则称

$$E(X)=\int_{-\infty}^{+\infty}xf(x)\mathrm{d}x$$

为连续型随机变量 X 的数学期望.

2. 随机变量的函数的数学期望

(1)设 Y 是随机变量 X 的连续函数 $Y=g(X)$，那么，

若 X 是离散型随机变量，其分布律为 $P\{X=x_i\}=p_i(i=1,2,\cdots)$，则有

$$E(Y)=E[g(X)]=\sum_{i}g(x_i)p_i;$$

若 X 是连续型随机变量,其概率密度是 $f(x)$,则有

$$E(Y)=E[g(X)]=\int_{-\infty}^{+\infty}g(x)f(x)\mathrm{d}x.$$

(2)设 (X,Y) 是二维随机变量,$Z=g(X,Y)$ 是连续函数,那么,

若 (X,Y) 是离散型随机变量,其联合概率分布律为

$$P\{X=x_i,Y=y_j\}=p_{ij}(i=1,2,\cdots;\ j=1,2,\cdots),$$

则有

$$E(Z)=E(g(X,Y))=\sum_{i=1}^{\infty}\sum_{j=1}^{\infty}g(x_i,y_j)p_{ij};$$

若 (X,Y) 是连续型随机变量,其联合概率密度为 $f(x,y)$,则有

$$E(Z)=E(g(X,Y))=\int_{-\infty}^{+\infty}\int_{-\infty}^{+\infty}g(x,y)f(x,y)\mathrm{d}x\mathrm{d}y.$$

3. 数学期望的性质

设 X,Y 是随机变量,c 是常数,则

(1) 设 c 是常数,则 $E(c)=c$;

(2) 设 X 是随机变量,c 是常数,则

$$E(cX)=cE(X),\quad E(aX+b)=aE(X)+b;$$

(3) 设 X,Y 是两个随机变量,则 $E(X+Y)=E(X)+E(Y)$,

$$E(X_1+X_2+\cdots+X_n)=E(X_1)+E(X_2)+\cdots+E(X_n);$$

(4)设 X,Y 是两个相互独立的随机变量,则 $E(XY)=E(X)E(Y)$.

(二)方差

1. 方差的概念

设 X 是一个随机变量,若 $E\{[X-E(X)]^2\}$ 存在,则称

$$D(X)=E\{[X-E(X)]^2\}$$

为随机变量 X 的方差.记 $\sigma(X)=\sqrt{D(X)}$,称为随机变量 X 的标准差或均方差.

由定义可知,方差就是随机变量 X 的函数 $g(X)=[X-E(X)]^2$ 的数学期望.所以对于离散型随机变量 X,其概率分布为 $P\{X=x_i\}=p_i(i=1,2,\cdots)$,$X$ 的方差为

$$D(X)=\sum_{i=1}^{\infty}[x_i-E(X)]^2p_i.$$

对于连续型随机变量 X,其密度函数为 $f(x)$,X 的方差为

$$D(X)=\int_{-\infty}^{+\infty}[x-E(X)]^2 f(x)\mathrm{d}x.$$

方差的计算式

$$D(X)=E(X^2)-[E(X)]^2.$$

2. 方差的性质

设 X, Y 是随机变量, c 为常数,则

(1) 设 c 为常数,则 $D(c)=0$;

(2) 设 X 是随机变量, a 为常数,则

$$D(aX)=a^2D(X),\quad D(aX+b)=a^2D(X);$$

(3) 设 X, Y 是两个随机变量,则

$$D(X\pm Y)=D(X)+D(Y)\pm 2E\{[X-E(X)][Y-E(Y)]\};$$

(4) 设 X,Y 是两个相互独立的随机变量,则

$$D(X\pm Y)=D(X)+D(Y).$$

3. 几种常见分布的数学期望与方差

(1) 两点分布

X	0	1
P	$1-p$	p

$$E(X)=p,\ D(X)=p(1-p);$$

(2) 二项分布 $B(n,\ p)$

$$E(X)=np,\quad D(X)=np(1-p);$$

(3)泊松分布 $P(\lambda)$

$$E(X)=\lambda,\quad D(X)=\lambda;$$

(4) 均匀分布 $U[a,\ b]$

$$E(X)=\frac{a+b}{2},\quad D(X)=\frac{(b-a)^2}{12};$$

(5) 指数分布 $\mathrm{Exp}(\lambda)$

$$E(X)=\frac{1}{\lambda},\quad D(X)=\frac{1}{\lambda^2};$$

(6) 正态分布 $N(\mu,\ \sigma^2)$

$$E(X)=\mu,\quad D(X)=\sigma^2.$$

(三)矩

设 X 是随机变量,若 $X^k(k=1,2,\cdots,n)$ 的数学期望存在,则称它为 X 的 k 阶

原点矩,记为 ν_k, 即

$$\nu_k = E(X^k).$$

若 $E[((X-E(X))^k]$ 的数学期望存在,则称它为 X 的 k 阶中心矩,记为 μ_k, 即

$$\mu_k = E[((X-E(X))^k].$$

显然,数学期望与方差分别是一阶原点矩和二阶中心矩.

(四)协方差与相关系数

1. 协方差的定义

对于二维随机变量 (X,Y), 若 $[X-E(X))(Y-E(Y)]$ 的数学期望存在,则称它为随机变量 X 与 Y 的协方差,记为 $\mathrm{cov}(X,Y)$, 即

$$\mathrm{cov}(X,Y) = E[(X-E(X))(Y-E(Y))].$$

由定义可知

$$D(X) = \mathrm{cov}(X,X),$$

即随机变量 X 与 X 的协方差就是 X 的方差.

协方差的计算式

$$\mathrm{cov}(X,Y) = E(XY) - E(X)E(Y).$$

2. 协方差的性质

设 X,Y 为随机变量, a,b 是常数,则

(1) $\mathrm{cov}(X,Y) = \mathrm{cov}(Y,X)$;

(2) $D(X \pm Y) = D(X) + D(Y) \pm 2\mathrm{cov}(X,Y)$;

(3) $\mathrm{cov}(aX,bY) = ab\,\mathrm{cov}(X,Y)$, a,b 是常数;

(4) $\mathrm{cov}(X_1+X_2,Y) = \mathrm{cov}(X_1,Y) + \mathrm{cov}(X_2,Y)$.

3. 相关系数的定义

二维随机变量 (X,Y),

$$\rho_{XY} = \frac{\mathrm{cov}(X,Y)}{\sqrt{D(X)}\,\sqrt{D(Y)}}$$

称为随机变量 X 与 Y 的相关系数.

4. 相关系数的性质

设随机变量 X 与 Y 的相关系数为 ρ_{XY}, a,b 是常数, $a \neq 0$, 则

(1) $|\rho_{XY}| \leqslant 1$;

(2) $|\rho_{XY}|=1$ 的充分必要条件是存在常数 $a \neq 0, b$ 使得 $P\{Y=aX+b\}=1$;

(3) $\rho_{XY}=0$, 称 X 与 Y 不相关.

相关系数 ρ_{XY} 刻画了随机变量 X 与 Y 之间的线性相关程度. 若 $|\rho_{XY}|$ 越大,线性相关程度就越大; $|\rho_{XY}|$ 越小,线性相关程度越小.

当 $|\rho_{XY}|=1$ 时, X 与 Y 存在完全的线性关系;当 $\rho_{XY}=0$ 时, X 与 Y 之间无线性相关关系.

若 X 与 Y 相互独立,且 $D(X)$, $D(Y)$ 存在,则有 $\mathrm{cov}(X,Y)=\rho_{XY}=0$; 反之,若 X 与 Y 不相关,但 X 与 Y 不一定相互独立.

另外,当 $(X,Y)\sim N(\mu_1,\sigma_1^2;\mu_2,\sigma_2^2;\rho)$, X 与 Y 相互独立 $\Leftrightarrow \rho=0$.

三、释 疑 解 难

1. 是否任意随机变量的数学期望都存在?

并不是任意随机变量的期望都存在. 对于离散型随机变量,当 $\sum_{i=1}^{\infty}|x_i|p_i$ 收敛时,相加项的次序变换不影响求和结果,则随机变量的期望存在;对于连续型随机变量,当 $\int_{-\infty}^{+\infty}|x|f(x)\mathrm{d}x$ 收敛时,数学期望存在.

2. 随机变量的数学期望、方差的意义是什么?

随机变量可以用分布函数、分布律或密度函数来完整地描述其取值、性质和统计规律等,但是有的时候并不需要知道随机变量的分布,而只需要了解其某些特征,如平均值、偏差值等,这就是随机变量的数字特征.

数学期望反映随机变量取值的平均大小,刻画随机变量 X 取值的集中趋势. 数学期望是一个数,不再有随机性.

方差表示随机变量的取值与其数学期望的偏离程度,如果随机变量 X 的取值比较集中,离数学期望较近,则其方差较小;如果 X 的取值比较分散,离数学期望较远,则其方差较大. 方差刻画随机变量 X 取值的分散程度.

3. 随机变量的协方差、相关系数表示它们之间的什么关系?

协方差和相关系数都是反映两个随机变量 X 与 Y 之间相互关系的度量. 协方差是两个随机变量 X 与 Y 分别与各自数学期望偏差的乘积,方差是协方差的特殊情况.

相关系数则消除了方差的影响,反映随机变量 X 与 Y 之间的线性相关程度.

4. 两个随机变量不相关与相互独立有何区别与联系?

两个随机变量不相关指相关系数为 0,表示随机变量 X 与 Y 之间存在线性关系的概率为 0, $P\{Y=aX+b\}=0$, 即 X 与 Y 之间没有线性关系.

两个随机变量相互独立指变量之间没有任何关系，包括线性关系.

相互独立可以推出不相关，反之，不相关不一定相互独立.

当 X,Y 服从二维正态分布时，X 与 Y 相互独立等价于 X 与 Y 不相关.

5. 随机变量的矩表示什么意义？

随机变量的矩是更一般的数字特征，包括原点矩和中心矩. 随机变量的一阶原点矩即为数学期望，二阶中心矩即为方差. 常用的矩还包括三阶中心矩又称偏态系数，反映随机变量概率密度曲线分布不对称的程度参数，

$$S(x)=\int_{-\infty}^{+\infty}[x-E(x)]^3 f(x)\mathrm{d}x;$$

四阶中心矩又称峰态系数，反映随机变量概率密度曲线在平均值处峰值高低的特征数，

$$K(x)=\int_{-\infty}^{+\infty}[x-E(x)]^4 f(x)\mathrm{d}x.$$

四、典型例题

例 1　设随机变量 Y 服从柯西分布，其概率密度为

$$f(x)=\frac{1}{\pi(1+x^2)},\quad -\infty<x<+\infty,$$

求 $E(X)$.

解　$\int_{-\infty}^{+\infty}|x|f(x)\mathrm{d}x=\frac{2}{\pi}\int_0^{+\infty}\frac{x}{1+x^2}\mathrm{d}x=\frac{1}{\pi}\ln(1+x^2)\Big|_0^{+\infty}\to+\infty$，$X$ 的数学期望不存在.

例 2　某批产品的次品率为 0.1，检验员每天检查 4 次，每次随机地取 10 件产品进行检验，如果发现其中的次品数多于 1，就去调整设备. 以 X 表示一天中调整设备的次数，试求 $E(X)$.

解　设 Y_i 为第 i 次检查时发现的次品数，则 $Y_i\sim B(10,0.1)$，设 X 为 4 次检查时调整设备的次数，则 $X\sim B(4,p)$，其中 p 表示每次检查时调整设备的概率，

$$\begin{aligned}p&=1-P\{Y_i=0\}-P\{Y_i=1\}\\&=1-(0.9)^{10}-\mathrm{C}_{10}^1(0.1)(0.9)^9\\&=1-1.9(0.9)^9,\end{aligned}$$

从而 $E(X)=np=4[1-1.9(0.9)^9]=1.0556$，即平均调整设备的次数大约为 1 次.

例 3　设二维随机变量 (X,Y) 的联合概率密度为

$$f(x,y)=\begin{cases}1, & 0\leqslant x\leqslant 1, |y|\leqslant x,\\ 0, & 其他.\end{cases}$$

证明 X 与 Y 不相关.

证

$$E(X)=\iint_D x\cdot f(x,y)\mathrm{d}\sigma=\int_0^1 x\mathrm{d}x\int_{-x}^{x}\mathrm{d}y=\frac{2}{3},$$

$$E(Y)=\iint_D y\cdot f(x,y)\mathrm{d}\sigma=\int_0^1 \mathrm{d}x\int_{-x}^{x}y\mathrm{d}y=0,$$

$$E(XY)=\iint_D xy\cdot f(x,y)\mathrm{d}\sigma=\int_0^1 x\mathrm{d}x\int_{-x}^{x}y\mathrm{d}y=0,$$

$$\mathrm{cov}(X,Y)=E(XY)-E(X)E(Y)=0,$$

显然 $D(X)>0$，故 $\rho_{XY}=0$，所以 X 与 Y 不相关.

例 4 设随机变量 X 的概率密度为 $f(x)=\frac{1}{2}\mathrm{e}^{-|x|}$，$-\infty<x<+\infty$，问 X 与 $|X|$ 是否不相关？是否相互独立？

解

$$E(X)=\int_{-\infty}^{+\infty}x\cdot f(x)\mathrm{d}x=\int_{-\infty}^{+\infty}x\frac{1}{2}\mathrm{e}^{-|x|}\mathrm{d}x=0,$$

$$E(X^2)=\int_{-\infty}^{+\infty}x^2\cdot f(x)\mathrm{d}x=\int_{-\infty}^{+\infty}x^2\frac{1}{2}\mathrm{e}^{-|x|}\mathrm{d}x=\int_0^{+\infty}x^2\mathrm{e}^{-x}\mathrm{d}x=2,$$

$$D(X)=E(X^2)-[E(X)]^2=2.$$

令 $Y=|X|$，则

$$E(Y)=\int_{-\infty}^{+\infty}|x|\cdot f(x)\mathrm{d}x=\int_0^{+\infty}x\mathrm{e}^{-x}\mathrm{d}x=1,$$

$$E(Y^2)=\int_{-\infty}^{+\infty}x^2\cdot f(x)\mathrm{d}x=\int_{-\infty}^{+\infty}x^2\frac{1}{2}\mathrm{e}^{-|x|}\mathrm{d}x=\int_0^{+\infty}x^2\mathrm{e}^{-x}\mathrm{d}x=2,$$

$$D(Y)=E(Y^2)-[E(Y)]^2=1,$$

$$E(XY)=\int_{-\infty}^{+\infty}x|x|\cdot f(x)\mathrm{d}x=\int_{-\infty}^{+\infty}x|x|\frac{1}{2}\mathrm{e}^{-|x|}\mathrm{d}x=0,$$

$$\mathrm{cov}(X,Y)=E(XY)-E(X)E(Y)=0,\quad \rho_{XY}=\frac{\mathrm{cov}(X,Y)}{\sqrt{D(X)}\sqrt{D(Y)}}=0,$$

所以 X 与 Y 不相关,不相互独立.

例 5 设二维随机变量 (X,Y) 的联合概率密度为

$$f(x,y)=\begin{cases}\frac{1}{\pi}, & x^2+y^2\leqslant 1,\\ 0, & x^2+y^2>1.\end{cases}$$

证明 X 与 Y 不相关,但不相互独立.

证

$$E(X)=\iint_D x\cdot f(x,y)\mathrm{d}\sigma=\int_{-1}^{1}x\mathrm{d}x\int_{-\sqrt{1-x^2}}^{\sqrt{1-x^2}}\frac{1}{\pi}\mathrm{d}y=0,$$

$$E(Y)=\iint_D y\cdot f(x,y)\mathrm{d}\sigma=\int_{-1}^{1}\mathrm{d}x\int_{-\sqrt{1-x^2}}^{\sqrt{1-x^2}}\frac{1}{\pi}y\mathrm{d}y=0,$$

$$E(XY)=\iint_D xy\cdot f(x,y)\mathrm{d}\sigma=\int_{-1}^{1}x\mathrm{d}x\int_{-\sqrt{1-x^2}}^{\sqrt{1-x^2}}\frac{1}{\pi}y\mathrm{d}y=0,$$

$$\mathrm{cov}(X,Y)=E(XY)-E(X)E(Y)=0,$$

显然 $D(X)>0$，故 $\rho_{XY}=0$，所以 X 与 Y 不相关.

另外，X 与 Y 的边缘概率密度分别为

$$f_X(x)=\int_{-\infty}^{+\infty}f(x,y)\mathrm{d}y=\begin{cases}\displaystyle\int_{-\sqrt{1-x^2}}^{\sqrt{1-x^2}}\frac{1}{\pi}\mathrm{d}y=\frac{2}{\pi}\sqrt{1-x^2}, & -1\leqslant x\leqslant 1,\\ 0, & \text{其他},\end{cases}$$

$$f_Y(y)=\int_{-\infty}^{+\infty}f(x,y)\mathrm{d}x=\begin{cases}\displaystyle\int_{-\sqrt{1-y^2}}^{\sqrt{1-y^2}}\frac{1}{\pi}\mathrm{d}x=\frac{2}{\pi}\sqrt{1-y^2}, & -1\leqslant y\leqslant 1,\\ 0, & \text{其他}.\end{cases}$$

当 $-1\leqslant x\leqslant 1$，$-1\leqslant y\leqslant 1$ 时，$f_X(x)\cdot f_Y(y)\neq f(x,y)$，所以 X 与 Y 不相互独立.

五、习题解答

1. 一箱产品中有 3 件正品和 2 件次品，不放回地任意取 2 件，X 表示取到的次品数，求 $E(X)$.

解　X 的分布律为

X	0	1	2
P	$\frac{3}{10}$	$\frac{6}{10}$	$\frac{1}{10}$

X 的数学期望为

$$E(X)=0\times\frac{3}{10}+1\times\frac{6}{10}+2\times\frac{1}{10}=0.8.$$

2. 已知随机变量 X 的分布律如下，求 $E(X)$ 和 $D(X)$.

X	-2	0	1	4
P	$\frac{1}{3}$	$\frac{1}{6}$	$\frac{1}{4}$	$\frac{1}{4}$

解　X 是离散型随机变量，

$$E(X)=-2\times\frac{1}{3}+0\times\frac{1}{6}+1\times\frac{1}{4}+4\times\frac{1}{4}=\frac{7}{12},$$

$$E(X^2)=(-2)^2\times\frac{1}{3}+0^2\times\frac{1}{6}+1^2\times\frac{1}{4}+4^2\times\frac{1}{4}=\frac{67}{12},$$

$$D(X)=E(X^2)-(E(X))^2=\frac{67}{12}-\left(\frac{7}{12}\right)^2=\frac{755}{144}.$$

3. 设随机变量 X 的概率密度为 $f(x)=\frac{1}{2}\mathrm{e}^{-|x|}$，$-\infty<x<+\infty$，计算 $E(X)$ 和 $D(X)$.

解　X 是连续型随机变量，

$$E(X)=\int_{-\infty}^{+\infty}x\cdot f(x)\mathrm{d}x=\int_{-\infty}^{+\infty}x\,\frac{1}{2}\mathrm{e}^{-|x|}\,\mathrm{d}x=0,$$

$$E(X^2)=\int_{-\infty}^{+\infty}x^2\cdot f(x)\mathrm{d}x=\int_{-\infty}^{+\infty}x^2\,\frac{1}{2}\mathrm{e}^{-|x|}\,\mathrm{d}x=\int_0^{+\infty}x^2\mathrm{e}^{-x}\mathrm{d}x=2,$$

$$D(X)=E(X^2)-[E(X)]^2=2.$$

4. 设随机变量 X 的概率密度为

$$f(x)=\begin{cases}x, & 0\leqslant x\leqslant 1,\\ 2-x, & 1<x\leqslant 2,\\ 0, & \text{其他}.\end{cases}$$

试求 $E(X)$ 和 $D(X)$.

解　X 是连续型随机变量，

$$E(X)=\int_{-\infty}^{+\infty}x\cdot f(x)\mathrm{d}x=\int_0^1 x^2\,\mathrm{d}x+\int_1^2 x(2-x)\mathrm{d}x=1,$$

$$E(X^2)=\int_{-\infty}^{+\infty}x^2\cdot f(x)\mathrm{d}x=\int_0^1 x^3\,\mathrm{d}x+\int_1^2 x^2(2-x)\mathrm{d}x=\frac{7}{6},$$

$$D(X)=E(X^2)-[E(X)]^2=\frac{1}{6}.$$

5. 设随机变量 X 的数学期望 $E(X)=-4$，方差 $D(X)=1$，求 $E\left(\frac{1}{2}X-5\right)$ 和 $D(-2X+7)$.

解　根据数学期望和方差的性质，

$$E\left(\frac{1}{2}X-5\right)=\frac{1}{2}E(X)-5=-7,$$

$$D(-2X+7)=(-2)^2D(X)=4.$$

6. 设随机变量 X 的数学期望 $E(X)=2$，方差 $D(X)=4$，求 $E(X^2)$.

解　由方差的计算式 $D(X)=E(X^2)-[E(X)]^2$，有

$$E(X^2) = D(X) + [E(X)]^2 = 8.$$

7. 设随机变量 X 满足 $E\left(-\frac{1}{2}X+1\right)=-1$，$D(3X-6)=2$，求 $E(X)$，$D(X)$.

解　根据数学期望和方差的性质，

$$E\left(-\frac{1}{2}X+1\right)=-\frac{1}{2}E(X)+1=-1,\quad E(X)=4,$$

$$D(3X-6)=3^2D(X)=2,\quad D(X)=\frac{2}{9}.$$

8. 设随机变量 X 与 Y 相互独立，且 $D(X)=1$，$D(Y)=2$，求 $D(X-Y)$.

解　因为随机变量 X 与 Y 相互独立，根据方差的性质，得

$$D(X-Y)=D(X)+D(Y)=3.$$

9. 已知随机变量 $X\sim U(-\pi,\pi)$，试求 $Y=\cos X$ 和 $Y^2=\cos^2X$ 的数学期望.

解　随机变量 X 的概率密度为

$$f(x)=\begin{cases}\frac{1}{2\pi}, & (-\pi,\pi),\\ 0, & 其他.\end{cases}$$

$$E(Y)=\int_{-\infty}^{+\infty}\cos x\cdot f(x)\mathrm{d}x=\int_{-\pi}^{\pi}\cos x\,\frac{1}{2\pi}\mathrm{d}x=0,$$

$$E(X^2)=\int_{-\infty}^{+\infty}\cos^2x\cdot f(x)\mathrm{d}x=\int_{-\pi}^{\pi}\cos^2x\,\frac{1}{2\pi}\mathrm{d}x=\frac{1}{2}.$$

10. 随机变量 X 的概率密度为

$$f(x)=\begin{cases}\mathrm{e}^{-x}, & x>0,\\ 0, & x\leqslant 0.\end{cases}$$

试求 $Y=2X$ 和 $Z=\mathrm{e}^{-2X}$ 的数学期望.

解　$E(Y)=\int_{-\infty}^{+\infty}2x\cdot f(x)\mathrm{d}x=\int_{0}^{+\infty}2x\mathrm{e}^{-x}\mathrm{d}x=2$，

$$E(Z)=\int_{-\infty}^{+\infty}\mathrm{e}^{-2x}\cdot f(x)\mathrm{d}x=\int_{0}^{+\infty}\mathrm{e}^{-2x}\mathrm{e}^{-x}\mathrm{d}x=\frac{1}{3}.$$

11. 某人乘电梯从电视台底层到顶层观光，电梯于每个整点的第 5 分钟，第 25 分钟和第 55 分钟从底层起行. 假设此人在早晨 8 点至 9 点之间的任意时刻到达底层电梯处，试求他等候电梯的平均时间.

解　设随机变量 X 表示到达时间，则 $X\sim U(0,60)$，X 的概率密度为

$$f_X(x)=\begin{cases}\frac{1}{60}, & 0\leqslant x\leqslant 60,\\ 0, & 其他,\end{cases}$$

等候时间 Y 为 X 的函数，

$$Y=g(X)=\begin{cases}5-X, & 0\leqslant X\leqslant 5,\\ 25-X, & 5<X\leqslant 25,\\ 55-X, & 25<X\leqslant 55,\\ 65-X, & 55<X\leqslant 60.\end{cases}$$

等候电梯的平均时间即为 Y 的期望,

$$E(Y)=\int_{-\infty}^{+\infty}g(x)f(x)\mathrm{d}x$$

$$=\frac{1}{60}\left[\int_0^5(5-x)\mathrm{d}x+\int_5^{25}(25-x)\mathrm{d}x+\int_{25}^{55}(55-x)\mathrm{d}x+\int_{55}^{60}(65-x)\mathrm{d}x\right]$$

$$=\frac{35}{3}.$$

12. 设二维随机变量 (X,Y) 的联合概率密度为

$$f(x,y)=\begin{cases}12y^2, & 0\leqslant y\leqslant x\leqslant 1,\\ 0, & \text{其他}.\end{cases}$$

试求:$E(X)$,$E(Y)$,$E(XY)$ 和 $E(X^2+Y^2)$.

解 $E(X)=\iint\limits_D x\cdot f(x,y)\mathrm{d}\sigma=12\int_0^1 x\mathrm{d}x\int_0^x y^2\mathrm{d}y=4\int_0^1 x^4\mathrm{d}x=\frac{4}{5}$,

$E(Y)=\iint\limits_D y\cdot f(x,y)\mathrm{d}\sigma=12\int_0^1\mathrm{d}x\int_0^x y^3\mathrm{d}y=3\int_0^1 x^4\mathrm{d}x=\frac{3}{5}$,

$E(XY)=\iint\limits_D xy\cdot f(x,y)\mathrm{d}\sigma=12\int_0^1 x\mathrm{d}x\int_0^x y^3\mathrm{d}y=3\int_0^1 x^5\mathrm{d}x=\frac{1}{2}$,

$E(X^2+Y^2)=\iint\limits_D (x^2+y^2)\cdot f(x,y)\mathrm{d}\sigma=12\int_0^1\mathrm{d}x\int_0^x(x^2+y^2)y^2\mathrm{d}y$

$=\int_0^1\left(4x^5+\frac{12}{5}x^5\right)\mathrm{d}x=\frac{16}{15}.$

13. 设随机变量 X 和 Y 相互独立,其概率密度分别为

$$f(x)=\begin{cases}\frac{1}{3}\mathrm{e}^{-\frac{x}{3}}, & x>0,\\ 0, & x\leqslant 0;\end{cases}\qquad f(y)=\begin{cases}2y, & 0\leqslant y\leqslant 1,\\ 0, & \text{其他}.\end{cases}$$

求 $E(XY)$ 和 $E(X+Y)$.

解 $E(X)=\int_{-\infty}^{+\infty}x\cdot f(x)\mathrm{d}x=\int_0^{+\infty}x\,\frac{1}{3}\mathrm{e}^{-\frac{x}{3}}\mathrm{d}x=3$,

$E(Y)=\int_{-\infty}^{+\infty}y\cdot f(y)\mathrm{d}y=\int_0^1 2y^2\mathrm{d}x=\frac{2}{3}.$

因随机变量 X 和 Y 相互独立,故

$$E(XY)=E(X)E(Y)=2,$$

$$E(X+Y)=E(X)+E(Y)=\frac{11}{3}.$$

14. 民航机场的送客汽车载有 20 名乘客,从机场开出,乘客可以在 10 个车站下车. 如果到达某一车站无人下车,则在该站不停车. 设随机变量 X 表示停车次数,并假定每个顾客在各个车站下车是等可能的. 求平均停车次数.

解　随机变量 X 表示停车次数,为离散型随机变量,服从二项分布

$$X\sim B(10,p),$$

其中 p 表示每个车站停车的概率, $p=1-\left(\frac{9}{10}\right)^{20}$,

$$E(X)=np=10\left[1-\left(\frac{9}{10}\right)^{20}\right].$$

15. 将 n 个球($1\sim n$ 号)随机地放入 n 只盒子($1\sim n$ 号)中,一只盒子装 1 个球. 若 1 个球装入与球同号的盒子中,称为 1 个配对,记 X 为总配对数,求 $E(X)$.

解　X 为总配对数,为离散型随机变量,服从二项分布, $X\sim B(n,p)$,其中 p 表示每个盒子配对的概率, $p=\frac{(n-1)!}{n!}=\frac{1}{n}$,

$$E(X)=np=1.$$

16. 设二维随机变量 (X,Y) 的联合概率密度为

$$f(x,y)=\begin{cases}6xy^2, & 0\leqslant x\leqslant 1,0<y<1,\\ 0, & \text{其他}.\end{cases}$$

试写出 (X,Y) 的协方差矩阵.

解　$E(X)=\iint\limits_D x\cdot f(x,y)\mathrm{d}\sigma=6\int_0^1 x^2\mathrm{d}x\int_0^1 y^2\mathrm{d}y=6\cdot\frac{1}{3}\cdot\frac{1}{3}=\frac{2}{3},$

$$E(X^2)=\iint\limits_D x^2\cdot f(x,y)\mathrm{d}\sigma=6\int_0^1 x^3\mathrm{d}x\int_0^1 y^2\mathrm{d}y=6\cdot\frac{1}{4}\cdot\frac{1}{3}=\frac{1}{2},$$

$$D(X)=E(X^2)-[E(X)]^2=\frac{1}{18};$$

$$E(Y)=\iint\limits_D y\cdot f(x,y)\mathrm{d}\sigma=6\int_0^1 x\mathrm{d}x\int_0^1 y^3\mathrm{d}y=6\cdot\frac{1}{2}\cdot\frac{1}{4}=\frac{3}{4},$$

$$E(Y^2)=\iint\limits_D y^2\cdot f(x,y)\mathrm{d}\sigma=6\int_0^1 x\mathrm{d}x\int_0^1 y^4\mathrm{d}y=6\cdot\frac{1}{2}\cdot\frac{1}{5}=\frac{3}{5},$$

$$D(X) = E(X^2) - [E(X)]^2 = \frac{3}{80};$$

$$E(XY) = \iint_D xy \cdot f(x,y)\mathrm{d}\sigma = 6\int_0^1 x^2 \mathrm{d}x \int_0^1 y^3 \mathrm{d}y = 6 \cdot \frac{1}{3} \cdot \frac{1}{4} = \frac{1}{2},$$

$$\operatorname{cov}(X,Y) = E(XY) - E(X)E(Y) = 0;$$

协方差矩阵：$C_{XY} = \begin{bmatrix} D(X) & \operatorname{cov}(X,Y) \\ \operatorname{cov}(X,Y) & D(Y) \end{bmatrix} = \begin{bmatrix} \frac{1}{18} & 0 \\ 0 & \frac{3}{80} \end{bmatrix}$.

17. 设二维随机变量 (X,Y) 的联合分布率为

Y \ X	-1	0	1
1	0.2	0.1	0.1
2	0.1	0.0	0.1
3	0.2	0.1	0.1

求 X 和 Y 的相关系数.

解

X	-1	0	1
P	0.5	0.2	0.3

$$E(X) = -1 \times 0.5 + 0 \times 0.2 + 1 \times 0.3 = -0.2,$$

$$E(X^2) = (-1)^2 \times 0.5 + 0^2 \times 0.2 + 1^2 \times 0.3 = 0.8,$$

$$D(X) = E(X^2) - [E(X)]^2 = 0.76;$$

Y	1	2	3
P	0.4	0.2	0.4

$$E(Y) = 1 \times 0.4 + 2 \times 0.2 + 3 \times 0.4 = 2,$$

$$E(Y^2) = 1^2 \times 0.4 + 2^2 \times 0.2 + 3^2 \times 0.4 = 4.8,$$

$$D(Y) = E(Y^2) - [E(Y)]^2 = 0.8;$$

XY	-3	-2	-1	0	1	2	3
P	0.2	0.1	0.2	0.2	0.1	0.1	0.1

$$\begin{aligned} &E(XY) \\ &=(-3)\times 0.2+(-2)\times 0.1+(-1)\times 0.2 \\ &\quad +0\times 0.2+1\times 0.1+2\times 0.1+3\times 0.1 \\ &=-0.4, \end{aligned}$$

$$\operatorname{cov}(X,Y)=E(XY)-E(X)E(Y)=0,$$

$$\rho_{XY}=\frac{\operatorname{cov}(X,Y)}{\sqrt{D(X)}\sqrt{D(Y)}}=0.$$

18. 设随机变量 X_1，X_2 相互独立，且 $X_1\sim N(\mu,\sigma^2)$，$X_2\sim N(\mu,\sigma^2)$. 令 $X=X_1+X_2$，$Y=X_1-X_2$，求 $D(X)$，$D(Y)$ 及 ρ_{XY}.

解　$D(X_1)=\sigma^2$，$D(X_2)=\sigma^2$，因随机变量 X_1，X_2 相互独立，故由随机变量的性质，有

$$D(X)=D(X_1+X_2)=D(X_1)+D(X_2)=2\sigma^2,$$

$$D(Y)=D(X_1-X_2)=D(X_1)+D(X_2)=2\sigma^2,$$

$$\begin{aligned} \rho_{XY}&=\frac{\operatorname{cov}(X,Y)}{\sqrt{D(X)}\cdot\sqrt{D(Y)}}=\frac{\operatorname{cov}(X_1+X_2,X_1-X_2)}{\sqrt{D(X_1+X_2)}\cdot\sqrt{D(X_1-X_2)}} \\ &=\frac{E[(X_1+X_2)(X_1-X_2)]-E(X_1+X_2)E(X_1-X_2)}{\sqrt{2\sigma^2}\cdot\sqrt{2\sigma^2}} \\ &=\frac{E(X_1^2-X_2^2)-0}{2\sigma^2}=\frac{E(X_1^2)-E(X_2^2)}{2\sigma^2}=0. \end{aligned}$$

19. 设随机变量 X，Y 满足 $D(X)=25$，$D(Y)=36$，且 $\rho_{XY}=0.4$，求 $\operatorname{cov}(X,Y)$，$D(X+Y)$，$D(X-Y)$.

解　随机变量 X，Y 不相互独立，

$$\operatorname{cov}(X,Y)=\rho_{XY}\sqrt{D(X)}\sqrt{D(X)}=0.4\times 5\times 6=12,$$

$$D(X+Y)=D(X)+D(Y)+2\operatorname{cov}(X,Y)=25+36+2\cdot 12=85,$$

$$D(X-Y)=D(X)+D(Y)-2\operatorname{cov}(X,Y)=25+36-2\cdot 12=37.$$

20. 设二维随机变量 $(X,Y)\sim N\left(1,3^2;0,4^2;-\frac{1}{2}\right)$，设 $Z=\frac{X}{3}+\frac{Y}{2}$，求：

(1) Z 的数学期望和方差；

(2) X 与 Z 的相关系数；

(3) 问 X 与 Z 是否相互独立?

解　(1)由已知条件 $(X,Y)\sim N\left(1,3^2;0,4^2;-\frac{1}{2}\right)$，可得

$$E(X)=1,\quad D(X)=9,\quad E(Y)=0,\quad D(Y)=16,\quad \rho_{XY}=-0.5,$$

$$\operatorname{cov}(X,Y)=\rho_{XY}\sqrt{D(X)}\sqrt{D(Y)}=-6,$$

$$E(X^2)=D(X)+[E(X)]^2=10,$$

$$E(XY) = \text{cov}(X,Y) + E(X)E(Y) = -6,$$

$$E(Z) = E\left(\frac{X}{3} + \frac{Y}{2}\right) = \frac{1}{3}E(X) + \frac{1}{2}E(Y) = \frac{1}{3},$$

$$D(Z) = D\left(\frac{X}{3} + \frac{Y}{2}\right) = \frac{1}{9}D(X) + \frac{1}{4}D(Y) + 2\text{cov}\left(\frac{X}{3},\frac{Y}{2}\right)$$

$$= 1 + 4 + \frac{1}{3}\text{cov}(X,Y) = 3.$$

(2) $\rho_{XZ} = \dfrac{\text{cov}(X,Z)}{\sqrt{D(X)}\sqrt{D(Z)}} = \dfrac{E(XZ) - E(X)E(Z)}{3 \times \sqrt{3}} = \dfrac{\frac{1}{3} - \frac{1}{3}}{3\sqrt{3}} = 0$，其中

$$E(XZ) = E\left(\frac{X^2}{3} + \frac{XY}{2}\right) = \frac{1}{3}E(X^2) + \frac{1}{2}E(XY) = \frac{1}{3}.$$

(3) $X \sim N(1,3^2)$，$Z \sim N\left(\frac{1}{3},3\right)$，且 $\rho_{XZ} = 0$，所以 X 与 Z 相互独立.

21. 略

第 5 章　大数定律与中心极限定理

一、基 本 要 求

1. 理解切比雪夫不等式并会利用它估计概率.

2. 了解切比雪夫大数定律、独立同分布大数定律和伯努利大数定律，理解频率与概率、均值与数学期望的联系与区别.

3. 理解独立同分布的中心极限定理和棣莫弗-拉普拉斯中心极限定理，理解正态分布的重要性，并会利用它们进行近似计算.

二、内 容 提 要

(一)切比雪夫不等式

设随机变量 X 的数学期望为 $E(X)$，方差为 $D(X)$，则对任意给定的 $\varepsilon>0$，都有

$$P\{|X-E(X)|\geqslant\varepsilon\}<\frac{D(X)}{\varepsilon^2}$$

或

$$P\{|X-E(X)|<\varepsilon\}\geqslant 1-\frac{D(X)}{\varepsilon^2}.$$

切比雪夫不等式可以用方差 $D(X)$ 来估计 X 取值对期望 $E(X)$ 的离散程度，当随机变量 X 的期望 $E(X)$ 和方差 $D(X)$ 都已知时，随机变量 X 落在区间 $(E(X)-\varepsilon,\ E(X)+\varepsilon)$ 内的概率不小于 $1-\frac{D(X)}{\varepsilon^2}$. 因此，$D(X)$ 越大，则 X 落在区间 $(E(X)-\varepsilon,\ E(X)+\varepsilon)$ 内的概率越小，即 X 在 $E(X)$ 附近的密集程度越低，这就表明 $D(X)$ 反映了随机变量 X 对 $E(X)$ 的偏离程度.

(二)大数定律

事件发生的频率具有稳定性，即随着试验次数的增加，事件发生的频率逐渐稳定于某个常数. 大量测量值的算术平均值也具有稳定性，即平均结果的稳定性.

1. 切比雪夫大数定律

设 $X_1,X_2,\cdots,X_n,\cdots$ 相互独立，且具有相同的数学期望和方差：

$$E(X_k)=\mu,D(X_k)=\sigma^2\quad(k=1,2,\cdots),$$

则对任意正数 $\varepsilon>0$，有

$$\lim_{n\to\infty}P\{|\bar{X}_n-\mu|<\varepsilon\}=1.$$

此定理表明，当 n 很大时，随机变量 $X_1,X_2,\cdots,X_n$ 的平均值 $\bar{X}_n=\dfrac{1}{n}\sum_{k=1}^{n}X_k$ 近似于数学期望 $E(X_1)=E(X_2)=\cdots=E(X_k)=\mu$ 的概率很大. n 个随机变量的算术平均，在 n 无限增加时将接近于一个常数.

2. 辛钦大数定律

设随机变量 $X_1,X_2,\cdots,X_n,\cdots$ 相互独立，服从同一分布，且具有数学期望 $E(X_k)=\mu(k=1,2,\cdots)$，则对于任意正数 ε 有

$$\lim_{n\to\infty}P\{|\bar{X}_n-\mu|<\varepsilon\}=1.$$

切比雪夫大数定律和辛钦大数定律用数学语言严格表述并证明了平均结果的稳定性，即均值收敛于数学期望.

3. 伯努利大数定律

设 n_A 是 n 次独立重复试验中事件 A 发生的次数，p 是事件 A 在每次试验中发生的概率，则对于任意正数 $\varepsilon>0$，有

$$\lim_{n\to\infty}\left\{\left|\frac{n_A}{n}-p\right|<\varepsilon\right\}=1$$

或

$$\lim_{n\to\infty}\left\{\left|\frac{n_A}{n}-p\right|\geqslant\varepsilon\right\}=0.$$

伯努利大数定律以严格的数学形式表述了频率的稳定性，即频率收敛于概率. 当 n 很大时，事件发生的频率与概率有较大的偏差的可能性很小. 在实际应用中，当试验次数很大时，便可以用事件发生的频率来代替事件的概率.

(三)中心极限定理

1. 独立同分布中心极限定理

设 $X_1,X_2,\cdots,X_n,\cdots$ 相互独立，且服从同一分布，具有数学期望及方差，$E(X_k)=\mu$，$D(X_k)=\sigma^2\neq 0(k=1,2,\cdots)$，则随机变量 $Y_n=\sum_{k=1}^{n}X_k$ 近似服从正

态分布 $N(n\mu, n\sigma^2)$，即对于任意的 x，有

$$\lim_{n\to\infty} P\left\{\frac{Y_n - n\mu}{\sqrt{n}\sigma} \leqslant x\right\} = \Phi(x).$$

2. 棣莫弗-拉普拉斯中心极限定理

设随机变量序列 $Y_n(n = 1,2,\cdots)$ 服从参数为 n, p 的二项分布

$$B(n,\ p)\quad (0 < p < 1),$$

则对于任意的 x，恒有

$$\lim_{n\to\infty} P\left\{\frac{Y_n - np}{\sqrt{np(1-p)}} \leqslant x\right\} = \Phi(x),$$

随机变量 Y_n 近似服从正态分布 $N(np, np(1-p))$.

中心极限定理说明当 $n \to \infty$ 时，相互独立随机变量的和近似服从正态分布，二项分布的极限分布为正态分布.

在应用中，只要 n 比较大，二项分布 $B(n,p)$ 的分布函数就可用正态分布 $N(np, np(1-p))$ 的分布函数来近似代替. 实际问题中，许多随机变量通常可以表示成多个相互独立的随机变量之和，这样的随机变量往往服从或近似服从正态分布，可以用正态分布来解决.

三、释疑解难

1. 频率与概率有何区别和联系？

频率为试验结果，n 次试验，事件发生了 m 次，事件发生的频率为 $\frac{m}{n}$. 频率会随着试验者的不同、试验次数的不同、试验时间的不同而不同；概率为事件本身所具有的规律性，是客观存在的量，不会随着试验结果不同而不同. 当试验次数 $n \to \infty$ 时，频率有稳定于概率的趋势.

2. 均值与数学期望有何区别和联系？

随机变量序列 $X_1, X_2, \cdots, X_n, \cdots$ 的均值为序列前 n 项的算术平均值，

$$\overline{X}_n = \frac{1}{n}\sum_{k=1}^{n} X_k;$$

随机变量 X_k 的期望为 $E(X_k) = \mu$，为随机变量的数字特征，表示随机变量取值的集中趋势. 当 $n \to \infty$ 时，均值依概率收敛于数学期望，

$$\frac{1}{n}\sum_{k=1}^{n} X_k - \sum_{k=1}^{n} E(X_k) \xrightarrow{P} 0.$$

四、典型例题

例1 已知男孩的出生概率为 0.515，求在 10000 个婴儿中男孩不多于女孩的概率.

解 设 X 表示 10000 个婴儿中男孩的个数，则

$$E(X) = np = 10000 \times 0.515 = 5150,$$

$$D(X) = np(1-p) = 10000 \times 0.515 \times 0.485 = 2497.75,$$

$$P\{X \leqslant 5000\} = \Phi\left(\frac{5000-5150}{\sqrt{2497.75}}\right) = \Phi(-3) = 0.0013.$$

例2 设某供电站供应某小区 1000 户居民用电，各户用电情况相互独立，已知每户每日用电量(单位：千瓦时)在区间[0,20]上服从均匀分布，求：

(1) 这 1000 户居民每日用电量超过 10100 千瓦时的概率；

(2) 要以 0.99 的概率保证该地区居民用电量的需要，问供电站每天至少需向该地区供应多少千瓦时电？

解 设 X_i 表示居民每户每日的用电量，$X_i \sim U[0,20]$，$X = \sum\limits_{i=1}^{1000} X_i$ 表示用电总量，则

$$E(X_i) = 10, \quad D(X_i) = \frac{100}{3}, \quad E(X) = 10000, \quad D(X) = \frac{100000}{3},$$

(1) $P\{X \geqslant 10100\} = 1 - P\{X < 10100\}$

$$= 1 - \Phi\left(\frac{10100-10000}{\sqrt{100000/3}}\right) = 1 - \Phi\left(\sqrt{\frac{3}{10}}\right) = 0.2912.$$

(2) 设供电站每天至少供应 n 千瓦时电，则

$$P\{X \leqslant n\} = \Phi\left(\frac{n-1000}{\sqrt{100000/3}}\right) \geqslant 0.99.$$

$\dfrac{n-1000}{\sqrt{100000/3}} \geqslant 2.33$，$n \geqslant 10425.4$，所以供电站每天至少供应 10426 千瓦时电.

例3（高尔顿钉板试验） 高尔顿钉板是英国生物统计学家高尔顿设计的用来研究随机现象的模型. 高尔顿钉板是在一块竖起的木板上钉上一排排互相平行、水平间隔相等的铁钉(如图)，并且每一排钉子数目都比上一排多一个，上一层的每一颗的水平位置恰好位于下一层的两颗正中间. 从入口处放进一个直径略小于两颗钉子间隔的小球，当小球下落时，碰到铁钉后将以 1/2 的概率向左或向右落下，接着小球再碰到下一排铁钉. 如此继续下去，直到最后小球落入钉板下方条状的格子内.

把许许多多同样大小的小球不断从入口处放下，只要球的数目相当大，它们在底板将堆成近似于正态分布的密度函数图形(即：中间高，两头低，呈左右对称的钟形曲线). 小球落入第 i 个格子的概率正好满足二项分布，根据中心极限定理，n 个二项分布的和近似服从正态分布.

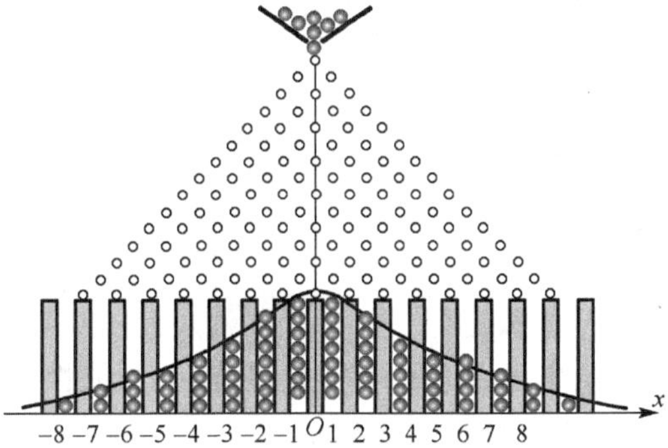

五、习 题 解 答

1. 若随机变量 $X_1, X_2, \cdots, X_{100}$ 相互独立且都服从区间[0,6]上的均匀分布. 设 $Y = \sum_{i=1}^{100} X_i$，利用切比雪夫不等式估计概率 $P\{260 < X < 340\}$.

解　$E(X_i) = 3$, $D(X_i) = 3$, $E(Y) = 300$, $D(Y) = 300$.

切比雪夫不等式：$P\{|X - E(X)| < \varepsilon\} \geqslant 1 - \dfrac{D(X)}{\varepsilon^2}$,

$$P\{260 < Y < 340\} = P\{|Y - 300| < 40\} \geqslant 1 - \frac{300}{40^2} = \frac{13}{16}.$$

2. 进行 600 次伯努利试验，事件 A 在每次试验中发生的概率为 $p = \dfrac{2}{5}$，设 X 表示 600 次试验中事件 A 发生的总次数，利用切比雪夫不等式估计概率 $P\{216 < X < 264\}$.

解　$E(X) = np = 600 \times \dfrac{2}{5} = 240$, $D(X) = np(1-p) = 600 \times \dfrac{2}{5} \times \dfrac{3}{5} = 144$.

切比雪夫不等式：$P\{|X - E(X)| < \varepsilon\} \geqslant 1 - \dfrac{D(X)}{\varepsilon^2}$.

$$P\{216 < X < 264\} = P\{|X - 240| < 24\} \geqslant 1 - \frac{144}{24^2} = \frac{3}{4}.$$

3. 利用切比雪夫大数定理证明泊松大数定理：设 $X_1, X_2, \cdots, X_n, \cdots$ 为相互独立的随机变量序列，有 $P\{X_n = 1\} = p_n$, $P\{X_n = 0\} = 1 - p_n$ $(0 < p_n < 1)$, $n = 1, 2, \cdots$, 则 $X_1, X_2, \cdots, X_n, \cdots$ 服从大数定理.

证 $E(X_i)=p_i,D(X_i)=p_i(1-p_i)\leqslant\frac{1}{4},E\left(\frac{1}{n}\sum_{i=1}^{\infty}X_i\right)=\frac{1}{n}\sum_{i=1}^{\infty}E(X_i),$

$$D\left(\frac{1}{n}\sum_{i=1}^{\infty}X_i\right)=\frac{1}{n^2}\sum_{i=1}^{\infty}D(X_i)\leqslant\frac{1}{n^2}\cdot\frac{n}{4}=\frac{1}{4n}.$$

由切比雪夫不等式,对任给的 $\varepsilon>0$,有

$$P\left\{\left|\frac{1}{n}\sum_{i=1}^{\infty}X_i-\frac{1}{n}\sum_{i=1}^{\infty}E(X_i)\right|<\varepsilon\right\}\geqslant1-\frac{\frac{1}{n^2}\sum_{i=1}^{\infty}D(X_i)}{\varepsilon^2}\geqslant1-\frac{1}{4n\varepsilon^2},$$

$$\lim_{n\to\infty}P\left\{\left|\frac{1}{n}\sum_{i=1}^{\infty}X_i-\frac{1}{n}\sum_{i=1}^{\infty}E(X_i)\right|<\varepsilon\right\}=1,$$

故 $X_1,X_2,\cdots,X_n,\cdots$ 服从大数定律.

4. 调整 200 台仪器的电压,假设调整电压过高的可能性为 0.5. 试求调整电压过高的仪器台数在 95 至 105 台之间的概率.

解 设 Y 表示调整电压过高的仪器台数,则

$E(Y)=np=200\times0.5=100,$

$D(Y)=np(1-p)=200\times0.5\times0.5=50,$

$$P\{95\leqslant Y\leqslant105\}=\Phi\left(\frac{105-100}{\sqrt{50}}\right)-\Phi\left(\frac{95-100}{\sqrt{50}}\right)=\Phi\left(\frac{\sqrt{2}}{2}\right)-\Phi\left(-\frac{\sqrt{2}}{2}\right),$$

$$=2\Phi\left(\frac{\sqrt{2}}{2}\right)-1=0.5222.$$

5. 某种系统元件的寿命(单位:小时) T 服从参数为 $\frac{1}{100}$ 的指数分布,现随机抽取 16 件,设它们的寿命相互独立,求这 16 个元件的寿命总和大于 1920 小时的概率.

解 设 X_i 表示第 i 个电器元件的寿命,Y 表示 16 个元件的寿命总和,则

$$Y=\sum_{i=1}^{16}X_i,\quad E(X_i)=100,\quad D(X_i)=10000,$$

$$E(Y)=1600,\quad D(Y)=160000,$$

$$P\{Y>1920\}=1-P\{Y\leqslant1920\}=1-\Phi\left(\frac{1920-1600}{400}\right)$$

$$=1-\Phi(0.8)=0.2119.$$

6. 设某个办公软件由 100 个相互独立的部件组成,每个部件损坏的概率均为 0.1,必须有 85 个以上的部件工作才能使整个系统正常工作,求整个系统正常工作的概率.

解 设 Y 表示正常工作的部件数,则

$E(Y)=np=100\times0.9=90,\quad D(Y)=np(1-p)=100\times0.9\times0.1=9,$

$$P\{85 \leqslant Y \leqslant 100\} = \Phi\left(\frac{100-90}{3}\right) - \Phi\left(\frac{85-90}{3}\right) = \Phi\left(\frac{10}{3}\right) - \Phi\left(\frac{-5}{3}\right)$$
$$= \Phi(3.33) - 1 + \Phi(1.67) = 0.9525.$$

7. 某个系统有相互独立的 n 个部件组成，每个部件的可靠性（即正常工作的概率）为 0.9，且至少有 80% 的部件正常工作，才能使整个系统工作. 问 n 至少为多大，才能使系统的可靠性为 95%.

解　设 Y 表示正常工作的部件个数，则

$$E(Y) = np = 0.9n, \quad D(Y) = np(1-p) = 0.09n,$$

$$P\{0.8n \leqslant Y \leqslant n\} = \Phi\left(\frac{n-0.9n}{\sqrt{0.09n}}\right) - \Phi\left(\frac{0.8n-0.9n}{\sqrt{0.09n}}\right) = \Phi\left(\frac{\sqrt{n}}{3}\right) - \Phi\left(\frac{-\sqrt{n}}{3}\right)$$

$$= 2\Phi\left(\frac{\sqrt{n}}{3}\right) - 1 \geqslant 0.95,$$

$\Phi\left(\frac{\sqrt{n}}{3}\right) \geqslant 0.975$，查表得：$\Phi(1.96) = 0.975$，则 $\frac{\sqrt{n}}{3} \geqslant 1.96$，$n \geqslant 35$.

8. 一个加法器同时收到 20 个噪声电压 $V_1, V_2, \cdots, V_{20}$，设它们是相互独立的，且都在区间 $(0,10)$ 上服从均匀分布，记 $V = \sum_{i=1}^{20} V_i$，求概率 $P\{V \geqslant 105\}$.

解　$E(V_i) = 5$，$D(V_i) = \frac{100}{12}$，$E(V) = 100$，$D(V) = \frac{500}{3}$，

$$P\{V \geqslant 105\} = 1 - P\{V < 105\} = 1 - \Phi\left(\frac{105 \quad 100}{\sqrt{\frac{500}{3}}}\right)$$

$$= 1 - \Phi\left(\frac{1}{2}\sqrt{\frac{3}{5}}\right) = 0.3483.$$

9. 某射箭运动员每次射击的命中率为 $p = 0.8$，现射击 100 发子弹，各次射击互不影响，求命中次数在 72 与 88 之间的概率.

解　设 Y 表示命中次数，则

$$E(Y) = np = 100 \times 0.8 = 80,$$
$$D(Y) = np(1-p) = 100 \times 0.8 \times 0.2 = 16,$$
$$P\{72 \leqslant Y \leqslant 88\} = \Phi\left(\frac{88-80}{4}\right) - \Phi\left(\frac{72-80}{4}\right) = \Phi(2) - \Phi(-2)$$
$$= 2\Phi(2) - 1 = 0.9544.$$

10. 对敌人阵地进行 100 次炮击，每次炮击时炮弹命中次数的数学期望为 4，方差为 2.25. 求在 100 次炮击中有 380 颗到 420 颗炮弹命中目标的概率.

解　设 X_i 表示第 i 次炮击时炮弹命中次数，则

$$E(X_i)=4,\quad D(X_i)=2.25,\quad E(Y)=400,\quad D(Y)=225,$$

Y 表示命中目标的炮弹总数，$Y=\sum_{i=1}^{100}X_i$，

$$P\{380\leqslant Y\leqslant 420\}=\Phi\left(\frac{420-400}{15}\right)-\Phi\left(\frac{380-400}{15}\right)=\Phi\left(\frac{4}{3}\right)-\Phi\left(\frac{-4}{3}\right)$$

$$=2\Phi\left(\frac{4}{3}\right)-1=0.8164.$$

第 6 章　数理统计

一、基本要求

1. 理解总体、样本、统计量的概念.

2. 了解样本矩的概念，掌握样本均值、样本方差的计算.

3. 了解抽样分布的概念，理解 χ^2 分布、t 分布、F 分布的定义，掌握这三个分布的构成定理及相关的查表计算.

4. 掌握正态总体的抽样分布定理.

二、内容提要

(一)总体和样本

1. 总体

总体：一般把研究对象的全体.

个体：构成总体的每一个成员.

总体容量：总体中所含个体的数量.

有限总体：总体容量是有限个.

无限总体：总体容量是无限个.

2. 样本

样本：在调查总体时，一般是进行随机抽样调查. 从总体中随机抽出来一部分个体，通过对这部分个体的调查来推断总体，这样随机抽出的个体构成了样本.

样本容量：一个样本中含有的个体数量，一般用 n 表示.

样本点：假如从总体 X 中抽取一组样本 $(X_1,X_2,\cdots,X_n)$，每个样本 X_i 称为样本点，样本观测值：对 $(X_1,X_2,\cdots,X_n)$ 进行观测可得到一组数值 $(x_1,x_2,\cdots,x_n)$，这组数值称为样本观测值或者样本值.

3. 简单随机抽样

简单随机抽样一般要求满足两个条件.

(1)代表性,样本 X_i ($i=1,2,\cdots,n$)与总体 X 具有相同的分布.

(2)独立性,样本 $X_1,X_2,\cdots,X_n$ 是相互独立的随机变量.

(二)统计量

设 $(X_1,X_2,\cdots,X_n)$ 是来自总体 X 的一组样本, $\varphi(X_1,X_2,\cdots,X_n)$ 是关于 $X_1,X_2,\cdots,X_n$ 的 n 元函数,且不包含任何未知参数,则称函数 $\varphi(X_1,X_2,\cdots,X_n)$ 为样本 $(X_1,X_2,\cdots,X_n)$ 的一个统计量.

当样本取得一组观测值 $(x_1,x_2,\cdots,x_n)$, 代入统计量 $\varphi(X_1,X_2,\cdots,X_n)$ 所得到的值 $\varphi(x_1,x_2,\cdots,x_n)$, 称为统计量的一个观测值.

一般常用的统计量有:

样本均值 $\bar{X}=\frac{1}{n}\sum_{i=1}^{n}X_i$;

样本方差 $S^2=\frac{1}{n-1}\sum_{i=1}^{n}(X_i-\bar{X})^2$;

样本标准差 $S=\sqrt{\frac{1}{n-1}\sum_{i=1}^{n}(X_i-\bar{X})^2}$;

样本的 k 阶原点矩 $A_k=\frac{1}{n}\sum_{i=1}^{n}X_i^k, k=1,2,3,\cdots$;

样本的 k 阶中心矩 $B_k=\frac{1}{n}\sum_{i=1}^{n}(X_i-\bar{X})^k, k=1,2,3,\cdots$;

样本极差 $R=\max\limits_{1\leqslant i\leqslant n}\{x_i\}-\min\limits_{1\leqslant i\leqslant n}\{x_i\}$.

(三)统计分布

1. χ^2 分布

设随机变量 $X_1,X_2,\cdots,X_n$ 相互独立且都服从标准正态分布 $N(0,1)$, 则称随机变量

$$\chi^2=\sum_{i=1}^{n}X_i^2$$

服从自由度为 n 的 χ^2 分布,记为 $\chi^2\sim\chi^2(n)$.

χ^2 分布具有以下性质.

(1) 可加性 设 $\chi_1^2\sim\chi^2(n_1)$, $\chi_2^2\sim\chi^2(n_2)$, 且 χ_1^2,χ_2^2 独立,则

$$\chi_1^2+\chi_2^2\sim\chi^2(n_1+n_2),$$

n 个相互独立的 χ^2 分布仍旧具有可加性,即 $\chi_i^2\sim\chi^2(n_i)$, 且相互独立,其中 $i=1,2,3,\cdots,n$, 则

$$\sum_{i=1}^{n}\chi_i^2 \sim \chi^2\left(\sum_{i=1}^{n}n_i\right).$$

(2) 若 $\chi^2 \sim \chi^2(n)$，则 $E(\chi^2)=n, D(\chi^2)=2n$.

(3) n 充分大时，χ^2 近似服从 $N(n,2n)$.

χ^2 分布的上侧临界值：给定 $\alpha(0<\alpha<1)$ 和自由度 n，满足

$$P\{\chi^2 \geqslant \chi_\alpha^2(n)\}=\alpha$$

的数 $\chi_\alpha^2(n)$ 是自由度为 n 的 χ^2 分布的上侧 α 临界值.

2. t 分布

设随机变量 $X\sim N(0,1)$，$Y\sim\chi^2(n)$，且 X，Y 相互独立，则称随机变量

$$t=\frac{X}{\sqrt{Y/n}}$$

服从自由度为 n 的 t 分布，记为 $t\sim t(n)$.

t 分布的上侧临界值：给定 $\alpha(0<\alpha<1)$ 和自由度 n，满足

$$P\{t\geqslant t_\alpha(n)\}=\alpha$$

的数 $t_\alpha(n)$ 是自由度为 n 的 t 分布上侧 α 临界值.

3. F 分布

设随机变量 $X\sim\chi^2(n_1)$，$Y\sim\chi^2(n_2)$，且 X 与 Y 独立，则称随机变量

$$F=\frac{X/n_1}{Y/n_2}$$

服从自由度为 (n_1,n_2) 的 F 分布，记为 $F\sim F(n_1,n_2)$. 其中 n_1 为第一自由度，n_2 为第二自由度.

F 分布的上侧 α 临界值：给定 $\alpha(0<\alpha<1)$ 和自由度 n_1,n_2，满足

$$P\{F\geqslant F_\alpha(n_1,n_2)\}=\alpha$$

的数 $F_\alpha(n_1,n_2)$ 是自由度为 (n_1,n_2) 的 F 分布的上侧 α 临界值.

(四)抽样分布定理

设 $(X_1,X_2,\cdots,X_n)$ 是来自正态总体 $X\sim N(\mu,\sigma^2)$ 的样本，$\bar{X}$，S^2 分别是样本均值和样本方差，则有：

(1) $\bar{X}$ 和 S^2 相互独立；

(2) $\bar{X}=\frac{1}{n}\sum_{i=1}^{n}X_i\sim N\left(\mu,\frac{\sigma^2}{n}\right)$，进行标准化处理，易得统计量 $\frac{\bar{X}-\mu}{\sigma/\sqrt{n}}\sim N(0,1)$；

(3) $\chi^2=\frac{\sum_{i=1}^{n}(X_i-\mu)^2}{\sigma^2}\sim\chi^2(n)$；

(4) $\frac{(n-1)S^2}{\sigma^2}=\frac{\sum\limits_{i=1}^{n}(X_i-\overline{X})^2}{\sigma^2}\sim\chi^2(n-1)$；

(5) $\frac{\overline{X}-\mu}{S/\sqrt{n}}\sim t(n-1)$.

三、释疑解难

1. 总体、样本、样本值的关系是什么?

总体是要进行研究的所有的调查对象，由于调查的破坏性或总体的无限性，因此需要从总体中随机抽取一部分做调查，从而对总体进行推断. 随机抽取出来的这一部分个体称为样本. 事实上，抽样后得到的都是具体的值，即样本值. 如调查全班同学的身高，从班上随机抽取 10 个同学测量身高，得到的是 10 个数. 全班同学的身高为总体，抽取的 10 个同学的身高为样本，得到的 10 个数为样本值. 统计就是利用手中已有的资料——样本值去推断总体的分布. 而总体分布决定了样本取值的概率规律，即样本取到样本值的规律，因而可用样本值去推断总体值.

2. 如何取得简单随机样本?

在进行随机抽样时，必须保证样本满足以下两条性质.

(1)代表性. 由于抽样的目的是根据样本所包含的信息去推断总体，因此在随机抽样时，样本应具有代表性，即样本 $X_i\ (i=1,2,\cdots,n)$ 与总体 X 具有相同的分布.

(2)独立性. 抽样时应该注意不能使其受到其他抽样结果的影响，即要求 $X_1,X_2,\cdots,X_n$ 应该是相互独立的随机变量.

3. 查常用的上侧临界值时，若 α 的值在表中查不到怎么办?

在查常用上侧临界值时，可以充分利用各分布的性质进行相关的转换之后再进行计算，如若 $X\sim N(0,1)$，则 $z_\alpha=-z_{1-\alpha}$；若 $T\sim t(n)$，则 $t_\alpha(n)=-t_{1-\alpha}(n)$；若 $F\sim F(m,n)$，则 $F_\alpha(m,n)=\frac{1}{F_{1-\alpha}(n,m)}$. 此外，当 n 足够大时，可用正态分布近似，然后通过查正态分布表确定上侧临界值，如 $\chi_\alpha^2\approx\frac{1}{2}(\sqrt{2n-1}+z_\alpha)^2$，$t_\alpha\approx z_\alpha$ 等.

4. 单个正态总体下样本均值的分布是什么?

若 $X_1,X_2,\cdots,X_n$ 是来自于 $N(\mu,\sigma^2)$ 的样本，根据正态分布的可加性，可得 $\overline{X}=\frac{1}{n}\sum\limits_{i=1}^{n}X_i$ 也服从正态分布.

$$E(\bar{X}) = E\left(\frac{1}{n}\sum_{i=1}^{n}X_i\right) = \frac{1}{n}E\left(\sum_{i=1}^{n}X_i\right) = \frac{1}{n}n\mu = \mu,$$

$$D(\bar{X}) = D\left(\frac{1}{n}\sum_{i=1}^{n}X_i\right) = \frac{1}{n^2}D\left(\sum_{i=1}^{n}X_i\right) = \frac{1}{n^2}n\sigma^2 = \frac{\sigma^2}{n},$$

故可以得到 $\bar{X} \sim N\left(\mu, \frac{\sigma^2}{n}\right)$.

四、典型例题

例 1 设 $(X_1, X_2, \cdots, X_n)$ 为取自正态总体 $N(\mu, \sigma^2)$ 的样本,令

$$Y = \frac{1}{n}\sum_{i=1}^{n} | X_i - \mu |,$$

试求 $E(Y)$.

解 因 $X_1, X_2, \cdots, X_n$ 独立同分布,从而 $| X_i - \mu |$ $(i = 1, 2, \cdots, n)$ 也同分布. 令 $Y_i = X_i - \mu$, 则 $Y_i \sim N(0, \sigma^2)$, 于是

$$E(| X_i - \mu |) = E(Y_i) = \int_{-\infty}^{+\infty} | y | \frac{1}{\sqrt{2\pi}\sigma} e^{-\frac{y^2}{2\sigma^2}} dy$$

$$= \frac{2}{\sqrt{2\pi}\sigma}\int_0^{+\infty} y e^{-\frac{y^2}{2\sigma^2}} dy = \sqrt{\frac{2}{\pi}}\sigma,$$

$$E(Y) = E\left(\frac{1}{n}\sum_{i=1}^{n} | X_i - \mu |\right) = E(| X_i - \mu |) = \sqrt{\frac{2}{\pi}}\sigma.$$

例 2 从正态总体 $N(3.4, 6^2)$ 中抽取容量 n 的样本,如果要求其样本均值位于区间 $(1.4, 5.4)$ 内的概率不小于 0.95,问样本容量 n 至少应该取多大?

解 令 $\bar{X}$ 表示样本均值,则因为 $\sqrt{n}\frac{\bar{X} - 3.4}{6} \sim N(0,1)$, 故

$$P\{1.4 < \bar{X} < 5.4\} = P\{-2 < \bar{X} - 3.4 < 2\} = P\left\{\frac{| \bar{X} - 3.4 |}{6/\sqrt{n}} < \frac{2}{6/\sqrt{n}}\right\}$$

$$= P\left\{\frac{| \bar{X} - 3.4 |}{6/\sqrt{n}} < \frac{1}{3/\sqrt{n}}\right\} = 2\Phi\left(\frac{1}{3}\sqrt{n}\right) \geqslant 0.95,$$

查表 $\Phi(1.96) = 0.95$, 因此要求 $\frac{1}{3}\sqrt{n} \geqslant 1.96$, 即 $n \geqslant 34.57$, 故 n 至少应取 35.

例 3 设总体 $X \sim N(\mu, \sigma^2)$, X_1, X_2 是总体的一个样本,求 $Y = \frac{(X_1 + X_2)^2}{(X_1 - X_2)^2}$ 的分布.

解　$\left(\dfrac{X_1+X_2}{\sqrt{2}\sigma}\right)^2 \Big/ \left(\dfrac{X_1-X_2}{\sqrt{2}\sigma}\right)^2$，又 $X_1+X_2 \sim N(0,2\sigma^2)$，$X_1-X_2 \sim N(0,2\sigma^2)$，于是 $\left(\dfrac{X_1+X_2}{\sqrt{2}\sigma}\right)^2 \sim \chi^2(1)$，$\left(\dfrac{X_1-X_2}{\sqrt{2}\sigma}\right)^2 \sim \chi^2(1)$，易验证 X_1+X_2 与 X_1-X_2 相互独立，由统计量 F 的定义可知 $Y \sim F(1,1)$.

例 4　设 X 与 Y 相互独立且服从 $N(0,3^2)$，$X_1,X_2,\cdots,X_9$ 和 $Y_1,Y_2,\cdots,Y_9$ 分别来自于总体 X 和 Y 的简单随机样本，求统计量 $U=\dfrac{X_1+X_2+\cdots+X_9}{\sqrt{Y_1^2+Y_2^2+\cdots+Y_9^2}}$ 的分布？

解　易知 $\sum\limits_{i=1}^{9} X_i \sim N(0,9^2)$，于是 $\dfrac{1}{9}\sum\limits_{i=1}^{9} X_i \sim N(0,1)$，而 $\sum\limits_{i=1}^{9}(Y_i/3)^2 \sim \chi^2(9)$，由 t 分布的定义有

$$U=\frac{X_1+X_2+\cdots+X_9}{\sqrt{Y_1^2+Y_2^2+\cdots+Y_9^2}}=\frac{\dfrac{1}{9}\sum\limits_{i=1}^{9} X_i}{\sqrt{\dfrac{1}{9}\sum\limits_{i=1}^{9}(Y_i/3)^2}} \sim t(9).$$

例 5　设随机变量 $X \sim F(n,n)$，证明 $P\{X<1\}=0.5$.

证　若要证明 $P\{X<1\}=0.5$，即 $P\{X\geqslant 1\}=0.5$，则需证明 $X \sim F(n,n)$ 时，$F_{0.5}(n,n)=1$. 由 F 分布的性质 $F_\alpha(m,n)=\dfrac{1}{F_{1-\alpha}(n,m)}$ 可得 $F_{0.5}(n,n)=\dfrac{1}{F_{0.5}(n,n)}$，即 $F_{0.5}^2(n,n)=1$，而 F 分布中，随机变量不小于 0，故可以得到 $F_{0.5}(n,n)=1$，即 $P\{X\geqslant 1\}=0.5$. 命题得证.

五、习 题 解 答

1. 若总体 $X_1,X_2,\cdots,X_n$ 是总体 $X \sim B(1,p)$ 的样本，求 $(X_1,\cdots,X_n)$ 的联合分布律.

解　若 $X \sim B(1,p)$，则 $P\{X=x_i\}=p^{x_i}(1-p)^{1-x_i}$，由于样本的独立性，可以得到

$$\begin{aligned}P\{X_1=x_1,X_2=x_2,\cdots,X_n=x_n\}&=\prod_{i=1}^{n} P\{X_i=x_i\}\\&=\prod_{i=1}^{n} p^{x_i}(1-p)^{1-x_i}=p^{\sum\limits_{i=1}^{n}x_i}(1-p)^{n-\sum\limits_{i=1}^{n}x_i}.\end{aligned}$$

2. 若 $X_1,\cdots,X_n$ 是总体 $X \sim N(\mu,\sigma^2)$ 的样本，求 $(X_1,\cdots,X_n)$ 的联合概率密度.

解　若 $X \sim N(\mu,\sigma^2)$，则由于样本的独立性，可得

$$f(x_1,x_2,\cdots,x_n)=\prod_{i=1}^{n}f(x_i)=\prod_{i=1}^{n}\frac{1}{\sqrt{2\pi}\sigma}\mathrm{e}^{-\frac{(x_i-\mu)^2}{\sigma^2}}=\left(\frac{1}{\sqrt{2\pi}\sigma}\right)^n\mathrm{e}^{-\frac{\sum_{i=1}^{n}(x_i-\mu)^2}{\sigma^2}}.$$

3. 若 $X_1,X_2,\cdots,X_n$ 是总体 $X\sim P(\lambda)$ 的样本，求 $(X_1,\cdots,X_n)$ 的联合分布律.

解　由题意得，总体 $X\sim P(\lambda)$，则

$$\begin{aligned}P\{X_1=x_1,X_2=x_2,\cdots,X_n=x_n\}&=\prod_{i=1}^{n}P\{X_i=x_i\}\\&=\prod_{i=1}^{n}\frac{\lambda^{x_i}}{x_i!}\mathrm{e}^{-\lambda}=\frac{1}{\prod_{i=1}^{n}x_i!}\lambda^{\sum_{i=1}^{n}x_i}\mathrm{e}^{-n\lambda}.\end{aligned}$$

4. 假设 $X_1,X_2,\cdots,X_n$ 是总体 $X\sim N(\mu,\sigma^2)$ 的样本，其中 μ 已知，σ^2 未知，判断下列哪些是统计量：

(1) $\dfrac{1}{\mu}\sum_{i=1}^{n}X_i$；

(2) $\dfrac{1}{n}\sum_{i=1}^{n}(X_i-\mu)^2$；

(3) $\dfrac{1}{\sigma^2}\sum_{i=1}^{n}X_i$.

解　根据统计量的定义，不能含有未知参数，所以(1)和(2)是统计量，(3)不是统计量.

5. 从一批机器零件毛坯中随机地抽取10件，测得其质量为(单位：kg)：

210,243,185,240,215,228,196,235,200,199.

求这组样本值的均值、方差、二阶原点矩与二阶中心矩.

解　样本值的均值 $\bar{x}=\dfrac{1}{n}\sum_{i=1}^{n}x_i=\dfrac{1}{10}(210+243+\cdots+199)=215.1$；

样本方差
$$\begin{aligned}s^2&=\frac{1}{n-1}\sum_{i=1}^{n}(x_i-\bar{x})^2\\&=\frac{1}{9}[(210-215.1)^2+(243-215.1)^2+\cdots\\&\quad+(199-215.1)^2]=416.1;\end{aligned}$$

二阶原点矩 $A_2=\dfrac{1}{n}\sum_{i=1}^{n}x_i^2=\dfrac{1}{10}(210^2+243^2+\cdots+199^2)=46642.5$；

二阶中心矩
$$\begin{aligned}B_2&=\frac{1}{n}\sum_{i=1}^{n}(x_i-\bar{x})^2\\&=\frac{1}{10}[(210-215.1)^2+(243-215.1)^2+\cdots+(199-215.1)^2]\\&=374.49.\end{aligned}$$

6. 在一次数学竞赛中，某高校学生平均得分为 70，标准差为 4，其中有两个班分别有学生 36 人和 40 人，求两个班学生平均成绩差在 2 分至 5 分之间的概率.

解 设两个班的均值分别为 $\bar{x}_1$，$\bar{x}_2$，由学生的成绩 $X \sim N(70, 4^2)$，得 $\bar{X}_1 \sim N\left(70, \frac{4^2}{36}\right)$，$\bar{X}_2 \sim N\left(70, \frac{4^2}{40}\right)$，因此 $\bar{X}_1 - \bar{X}_2 \sim N\left(0, \frac{4^2}{36} + \frac{4^2}{40}\right)$.

$$P\{2 < |\bar{x}_1 - \bar{x}_2| < 5\} = P\{-5 < \bar{x}_1 - \bar{x}_2 < -2\} + P\{2 < \bar{x}_1 - \bar{x}_2 < 5\}$$

$$= \Phi\left(\frac{-2}{\sqrt{\frac{4^2}{36} + \frac{4^2}{40}}}\right) - \Phi\left(\frac{-5}{\sqrt{\frac{4^2}{36} + \frac{4^2}{40}}}\right) + \Phi\left(\frac{5}{\sqrt{\frac{4^2}{36} + \frac{4^2}{40}}}\right) - \Phi\left(\frac{2}{\sqrt{\frac{4^2}{36} + \frac{4^2}{40}}}\right)$$

$$= 1 - \Phi\left(\frac{2}{\sqrt{\frac{4^2}{36} + \frac{4^2}{40}}}\right) - 1 + \Phi\left(\frac{5}{\sqrt{\frac{4^2}{36} + \frac{4^2}{40}}}\right) + \Phi\left(\frac{5}{\sqrt{\frac{4^2}{36} + \frac{4^2}{40}}}\right) - \Phi\left(\frac{2}{\sqrt{\frac{4^2}{36} + \frac{4^2}{40}}}\right)$$

$$= 2\Phi\left(\frac{5}{\sqrt{\frac{4^2}{36} + \frac{4^2}{40}}}\right) - 2\Phi\left(\frac{2}{\sqrt{\frac{4^2}{36} + \frac{4^2}{40}}}\right)$$

$$= 2\Phi(5.4411) - 2\Phi(2.1764) = 0.0295.$$

7. 设总体 $X \sim N(3, 49)$，$X_1, X_2, \cdots, X_9$ 是来自于该总体的样本，求 $P\left\{\sum_{i=1}^{9} (X_i - 3)^2 > 102.34\right\}$.

解 由于 $X_i \sim N(3, 49)$，则 $\frac{X_i - 3}{7} \sim N(0, 1)$，由于 $X_1, X_2, \cdots, X_9$ 独立同分布，则

$$\sum_{i=1}^{9} \left(\frac{X_i - 3}{7}\right)^2 \sim \chi^2(9),$$

得

$$P\left\{\sum_{i=1}^{9} (X_i - 3)^2 > 102.34\right\} = P\left\{\sum_{i=1}^{9} \left(\frac{X_i - 3}{7}\right)^2 > 2.09\right\} = 0.99.$$

8. 设随机变量 X, Y 独立同分布于 $N(0, 1)$，则 $\frac{X}{\sqrt{Y^2}}$ 服从什么分布?

解 因为 $X \sim N(0, 1)$，则 $Y^2 \sim \chi(1)$，因此 $\frac{X}{\sqrt{Y^2}} \sim t(1)$.

9. 设总体 $X \sim N(0, 1)$，从中抽取样本量为 6 的样本，$X_1, X_2, \cdots, X_6$，设 $Y = (X_1 + X_2 + X_3)^2 + (X_4 + X_5 + X_6)^2$，试确定常数 C，使得 CY 服从 χ^2 分布.

解 根据正态分布的可加性，得到

$$X_1 + X_2 + X_3 \sim N(0, 3), \quad X_4 + X_5 + X_6 \sim N(0, 3),$$

故

$$\frac{X_1+X_2+X_3}{\sqrt{3}}\sim N(0,1),\quad \frac{X_4+X_5+X_6}{\sqrt{3}}\sim N(0,1),$$

根据 χ^2 分布的定义可知

$$\left(\frac{X_1+X_2+X_3}{\sqrt{3}}\right)^2+\left(\frac{X_4+X_5+X_6}{\sqrt{3}}\right)^2\sim\chi(2),$$

可以得到 $\frac{1}{3}Y\sim\chi(2)$，因此 $C=\frac{1}{3}$.

10. 设 $T\sim t(n)$，试证明 $E(T)=0$.

证 若 $T\sim t(n)$，假设随机变量 T 的概率密度为 $f(t)$，由 t 分布的概率密度函数的表达式(教材中式(6.15))可得 $f(-t)=f(t)$，即概率密度函数是一个偶函数，很容易得到 $tf(t)$ 为奇函数，奇函数在对称区域上的积分为 0，因此 $E(T)=\int_{-\infty}^{+\infty}tf(t)\mathrm{d}t=0$.

11. 若 $T\sim t(n)$，试证明 $T^2\sim F(1,n)$.

证 由 T 分布的构成(见教材定义 6.3)可得，若 $X\sim N(0,1)$，$Y\sim\chi^2(n)$，且 X,Y 相互独立，则 $T=\frac{X}{\sqrt{Y/n}}\sim t(n)$.

根据 χ^2 分布的定义可以得到 $X^2\sim\chi^2(1)$.

由 F 分布的定义可以得到 $T^2=\frac{X^2}{Y/n}\sim F(1,n)$.

12. 调查某城市的居民收入水平，除了看居民的平均收入水平，也会关注于居民收入的差异程度，假设居民的收入与平均水平的差异是服从正态分布 $N(\mu,\sigma^2)$，其中 $\sigma^2=100$，现在随机抽取 25 个人，用 S^2 表示 25 个人的收入与平均水平的差异的样本方差. 试求 S^2 超过 50 的概率.

解 根据定理 6.1，有 $\frac{(n-1)S^2}{\sigma^2}\sim\chi(n-1)$，$n=25$，则

$$P\{S^2>50\}=P\left\{\frac{(n-1)S^2}{\sigma^2}>\frac{(n-1)50}{\sigma^2}\right\}=P\left\{\frac{(n-1)S^2}{\sigma^2}>\frac{24\times 50}{100}\right\},$$

查表得到 $P\{\chi^2(24)>12\}\approx 0.975$，因此 $P\{S^2>50\}=0.975$.

13. 设总体 $X\sim N(\mu_1,\sigma_1^2)$，$Y\sim N(\mu_2,\sigma_2^2)$，从总体中分别抽样得：$n_1=8$，$S_1^2=8.75$；$n_2=10$，$S_2^2=2.66$，求概率 $P\{\sigma_1^2>\sigma_2^2\}$.

解 根据定理 6.1 得 $\frac{(n-1)S^2}{\sigma^2}\sim\chi^2(n-1)$，则

$$\frac{7S_1^2}{\sigma_1^2}\sim\chi^2(7),\quad \frac{9S_2^2}{\sigma_2^2}\sim\chi^2(9),$$

$$\frac{\frac{7S_1^2}{\sigma_1^2}/7}{\frac{9S_2^2}{\sigma_2^2}/9}=\frac{S_1^2\sigma_2^2}{S_2^2\sigma_1^2}\sim F(7,9),$$

所求概率

$$P\{\sigma_1^2>\sigma_2^2\}=P\left\{\frac{\sigma_2^2}{\sigma_1^2}<1\right\}=P\left\{\frac{S_1^2\sigma_2^2}{S_2^2\sigma_1^2}<\frac{S_1^2}{S_2^2}\right\}=P\left\{F<\frac{8.75}{2.66}\right\},$$

查表得：$P\{F(n_1,n_2)>3.29\}=0.05$，则 $P\{F(n_1,n_2)<3.29\}=0.95$.

14. 设某城市的人年收入服从均值 $\mu=1.5$ 万元，标准差 $\sigma=0.5$ 万元的正态分布，现随机抽查 100 人，求他们的年均收入在下列情况下的概率.

(1)大于 1.6 万元；(2)小于 1.3 万元；(3)落在[1.2,1.6].

解　设年均收入为 $\bar{X}$，则 $\bar{X}\sim N\left(1.5,\frac{0.25}{100}\right)$.

(1)年均收入大于 1.6 万元的概率

$$P\{\bar{X}>1.6\}=1-P\{\bar{X}<1.6\}=1-\Phi\left(\frac{1.6-1.5}{\sqrt{0.25/100}}\right)=1-\Phi(2)=0.023.$$

(2)年均收入小于 1.3 万元的概率

$$P\{\bar{X}<1.3\}=P\{\bar{X}<1.3\}=\Phi\left(\frac{1.3-1.5}{\sqrt{0.25/100}}\right)=1-\Phi(4)=0.$$

(3)年均收入落在[1.2,1.6]万元的概率

$$P\{1.2\leqslant\bar{X}\leqslant1.6\}=\Phi\left(\frac{1.6-1.5}{\sqrt{0.25/100}}\right)-\Phi\left(\frac{1.2-1.5}{0.05}\right)=0.98.$$

15. 从两个正态总体 $N(30,15)$，$N(40,10)$ 中分别抽取容量为 15，20 的两个独立样本，求它们的样本均值差绝对值不大于 12 的概率.

解　设两个总体的样本均值分别为 $\bar{X}_1,\bar{X}_2$，则 $\bar{X}_1\sim N(30,1)$，$\bar{X}_2\sim N(40,0.5)$，$\bar{X}_1-\bar{X}_2\sim N(-10,1.5)$，则

$$\begin{aligned}P\{|\bar{X}_1-\bar{X}_2|\leqslant12\}&=P\{-12\leqslant\bar{X}_1-\bar{X}_2\leqslant12\}\\&=\Phi\left(\frac{12-(-10)}{\sqrt{1.5}}\right)-\Phi\left(\frac{-12-(-10)}{\sqrt{1.5}}\right)=0.95.\end{aligned}$$

第 7 章　参数估计

一、基本要求

1. 了解参数估计主要解决的问题.
2. 理解矩估计法和极大似然估计法的原理,掌握矩估计法和极大似然估计法.
3. 理解估计的优良性准则:无偏性、有效性和一致性.
4. 理解区间估计的意义,掌握正态总体均值的区间估计的方法.
5. 了解方差的区间估计的求法.

二、内容提要

(一)参数的点估计

一般地,设 θ 为总体 X 的待估参数,$(X_1,X_2,\cdots,X_n)$ 为总体 X 的一个样本,构造一个统计量 $\hat{\theta}=\hat{\theta}(X_1,X_2,\cdots,X_n)$ 作为 θ 的估计,就称 $\hat{\theta}$ 为 θ 的一个估计量.

1. 矩估计法:用样本矩估计总体矩

(1)均值的点估计　用样本一阶原点矩即样本均值 $\bar{X}$ 来估计总体一阶原点矩即总体的数学期望 $E(X)$,记为

$$\hat{\mu}=E(X)=\bar{X}=\frac{1}{n}\sum_{i=1}^{n}X_i.$$

(2)方差的点估计　用样本二阶中心矩 B_2 来估计总体二阶中心矩即总体的方差 $D(X)$,记为

$$\hat{\sigma}^2=D(X)=B_2=\frac{1}{n}\sum_{i=1}^{n}(X_i-\bar{X})^2.$$

2. 极大似然估计

极大似然估计法的思想是根据已出现的结果估计参数,要求参数的估计值使得这个结果出现的概率最大.

极大似然估计法步骤:

(1) 求似然函数:根据总体分布找到似然函数

$$L(x_1,x_2,\cdots,x_n;\theta_1,\theta_2,\cdots,\theta_m)=\prod_{i=1}^{n}f(x_i;\theta_1,\theta_2,\cdots,\theta_m);$$

(2) 取对数:对似然函数等式两边取对数

$$\ln L(x_1,x_2,\cdots,x_n;\theta_1,\theta_2,\cdots,\theta_m)=\sum_{i=1}^{n}\ln f(x_i;\theta_1,\theta_2,\cdots,\theta_m);$$

(3) 求极值点:等式两边求导得到似然方程组 $\dfrac{\partial\ln(L)}{\partial\theta_i}=0,i=1,2,\cdots,m$,解方程组即可得到参数的估计值 $\hat{\theta}_1,\hat{\theta}_2,\cdots,\hat{\theta}_m$.

(二)估计量的优良准则

1. 无偏性

设 $\hat{\theta}=\hat{\theta}(X_1,X_2,\cdots,X_n)$ 是未知参数 θ 的一个点估计量,若满足

$$E(\hat{\theta})=\theta,$$

则称 $\hat{\theta}=\hat{\theta}(X_1,X_2,\cdots,X_n)$ 是 θ 的无偏估计量.

设总体均值为 μ, $X_1,X_2,\cdots,X_n$ 为来自该总体的样本,则一切形如 $\hat{\mu}=\dfrac{1}{n}\sum\limits_{i=1}^{n}c_iX_i\left(\sum\limits_{i=1}^{n}c_i=1\right)$ 的估计量都是 μ 的无偏估计.

2. 有效性

已知 $\hat{\theta}_1,\hat{\theta}_2$ 为未知参数 θ 的无偏估计量,若对任意的样本都有 $D(\hat{\theta}_1)<D(\hat{\theta}_2)$,则称 $\hat{\theta}_1$ 比 $\hat{\theta}_2$ 有效.

若 $X_1,X_2,\cdots,X_n$ 是来自于总体 X 的一个样本,样本均值 $\bar{X}=\dfrac{1}{n}\sum\limits_{i=1}^{n}X_i$ 最有效.

3. 相合性

若 $\hat{\theta}(X_1,X_2,\cdots,X_n)$ 作为未知参数 θ 的估计量,满足

$$\hat{\theta}(X_1,X_2,\cdots,X_n)\xrightarrow{P}\theta\quad(n\to\infty),$$

当 $n\to\infty$ 时,估计量 $\hat{\theta}$ 依概率收敛到 θ, 则称 $\hat{\theta}$ 是 θ 的一致估计量(或者称为相合估计量).

(三)参数的区间估计

1. 基本概念

设 $(X_1,X_2,\cdots,X_n)$ 是来自总体 X 的一个样本, $\hat{\theta}_1=\hat{\theta}_1(X_1,X_2,\cdots,X_n)$,

$\hat{\theta}_2=\hat{\theta}_2(X_1,X_2,\cdots,X_n)$ 是由样本确定的两个统计量，$\hat{\theta}_1<\hat{\theta}_2$，$\alpha(0<\alpha<1)$ 是任意实数. 如果对于总体中的未知参数 θ，有

$$P\{\hat{\theta}_1<\theta<\hat{\theta}_2\}=1-\alpha,$$

则称随机区间 $(\hat{\theta}_1,\hat{\theta}_2)$ 为参数 θ 的置信度为 $1-\alpha$ 的置信区间，称 $1-\alpha$ 为置信区间 $(\hat{\theta}_1,\hat{\theta}_2)$ 的置信度(或置信水平)，分别称 $\hat{\theta}_1$ 和 $\hat{\theta}_2$ 为置信下限和置信上限.

2. 区间估计的一般步骤

(1) 若 $X_1,X_2,\cdots,X_n$ 是来自于总体的样本，取一个关于参数 θ 的较优点估计 $\hat{\theta}(X_1,X_2,\cdots,X_n)$，这个估计量希望是无偏的.

(2) 构造样本函数 $W=W(X_1,X_2,\cdots,X_n,\theta)$，$W$ 的分布已知，且只含有唯一一个未知参数 θ，则 W 称为枢轴变量.

(3) 查表求得 W 的 $\dfrac{\alpha}{2}$ 及 $1-\dfrac{\alpha}{2}$ 分位点 a,b 使得 $P\{a<W<b\}=1-\alpha$.

(4) 从不等式 $a<W<b$ 中反解出 θ，得出等价形式

$$\hat{\theta}_1(X_1,X_2,\cdots,X_n)<\theta<\hat{\theta}_2(X_1,X_2,\cdots,X_n),$$

这时可以得到 $P\{\hat{\theta}_1<W<\hat{\theta}_2\}=1-\alpha$，而 $(\hat{\theta}_1,\hat{\theta}_2)$ 为 θ 的置信度 $1-\alpha$ 的置信区间.

3. 双侧置信区间(表 7.1)

表 7.1

估计参数		置信度为 $1-\alpha$ 的双侧置信区间
均值 μ	$\sigma^2=\sigma_0^2$	$\left(\bar{X}-z_{1-\frac{\alpha}{2}}\dfrac{\sigma_0}{\sqrt{n}},\bar{X}+z_{1-\frac{\alpha}{2}}\dfrac{\sigma_0}{\sqrt{n}}\right)$
	σ^2 未知	$\left(\bar{X}-t_{1-\frac{\alpha}{2}}(n-1)\dfrac{S}{\sqrt{n}},\bar{X}+t_{1-\frac{\alpha}{2}}(n-1)\dfrac{S}{\sqrt{n}}\right)$
方差 σ^2	μ 未知	$\left(\dfrac{(n-1)S^2}{\chi^2_{\frac{\alpha}{2}}(n-1)},\dfrac{(n-1)S^2}{\chi^2_{1-\frac{\alpha}{2}}(n-1)}\right)$
	$\mu=\mu_0$	$\left(\dfrac{1}{\chi^2_{\frac{\alpha}{2}}(n)}\sum_{i=1}^{n}(X_i-\mu_0)^2,\dfrac{1}{\chi^2_{1-\frac{\alpha}{2}}(n)}\sum_{i=1}^{n}(X_i-\mu_0)^2\right)$

4. 单侧置信区间(表 7.2)

表 7.2

估计参数		单侧置信下限	单侧置信上限
均值 μ	$\sigma^2=\sigma_0^2$	$\overline{X}-z_{1-\alpha}\dfrac{\sigma}{\sqrt{n}}$	$\overline{X}+z_{1-\alpha}\dfrac{\sigma}{\sqrt{n}}$
	σ^2 未知	$\overline{X}-t_\alpha(n-1)\dfrac{S}{\sqrt{n}}$	$\overline{X}+t_\alpha(n-1)\dfrac{S}{\sqrt{n}}$
方差 σ^2	μ 未知	$\dfrac{(n-1)S^2}{\chi_\alpha^2(n-1)}$	$\dfrac{(n-1)S^2}{\chi_{1-\alpha}^2(n-1)}$
	$\mu=\mu_0$	$\dfrac{1}{\chi_\alpha^2(n)}\sum\limits_{i=1}^n(X_i-\mu_0)^2$	$\dfrac{1}{\chi_{1-\alpha}^2(n)}\sum\limits_{i=1}^n(X_i-\mu_0)^2$

三、释 疑 解 难

1. 点估计和区间估计的区别有哪些？

点估计也称定值估计，主要是以样本指标作为总体指标的估计，并以样本指标计算得到的值直接作为总体的指标的估计值，即用定值对未知参数进行估计. 而区间估计则是在要求一定精度的前提下，构造出一个区间，以作为总体参数所在范围的估计. 二者之间具有互补关系，点估计方法，虽然能得到参数的近似值，但参数的估计值与真实值之间的误差大小并不知道，这是点估计的一个缺点. 区间估计给出参数的一个范围，并在要求的可靠程度下保证这个范围包含未知参数，这恰好弥补了点估计的不足.

2. 矩估计法与极大似然估计法的有哪些区别？

矩估计法的理论主要是大数定律：即样本矩依概率收敛于其对应的总体矩. 因此根据样本观测值，可以计算其样本矩，从而将样本矩作为相应的总体矩估计值. 但是矩估计法必须以总体矩存在为前提，假设总体矩不存在，则矩估计法失效，因此为了解决这个问题，英国统计学家费歇尔提出了极大似然估计法. 极大似然估计法的思想是根据出现的结果估计参数，要求参数的估计值使得这个结果出现的概率最大. 极大似然估计法步骤：

(1)求似然函数：根据总体分布找到似然函数

$$L(x_1,x_2,\cdots,x_n;\theta_1,\theta_2,\cdots,\theta_m)=\prod_{i=1}^n f(x_i;\theta_1,\theta_2,\cdots,\theta_m).$$

(2)取对数：对似然函数等式两边取对数

$$\ln L(x_1,x_2,\cdots,x_n;\theta_1,\theta_2,\cdots,\theta_m)=\sum_{i=1}^n \ln f(x_i;\theta_1,\theta_2,\cdots,\theta_m).$$

(3)求极值点:取对数后对等式两边求导,得到似然方程组 $\frac{\partial \ln(L)}{\partial \theta_i}=0, i=1, 2,\cdots,m$,解方程组即可得到参数的估计值 $\hat{\theta}_1,\hat{\theta}_2,\cdots,\hat{\theta}_m$. 若导数不存在,则无法得到驻点,这时就必须要根据极大似然估计法的思想直接去寻求似然函数的最大值. 离散型总体的极大似然估计法类似.

3. 求未知参数 θ 的双侧置信区间的一般步骤是什么?

对于给定的正数 α,如何求出未知参数 θ 的置信区间,就是区间估计问题. 它的一般步骤是

(1)若 $X_1,X_2,\cdots,X_n$ 是来自于总体的样本,取一个关于参数 θ 的较优点估计 $\hat{\theta}(X_1,X_2,\cdots,X_n)$,这个估计量希望是无偏的;

(2)构造样本函数 $W=W(X_1,X_2,\cdots,X_n,\theta)$,$W$ 的分布已知,且只含有唯一一个未知参数 θ,则 W 称为枢轴变量;

(3)查表求得 W 的 $1-\frac{\alpha}{2}$ 及 $\frac{\alpha}{2}$ 分位点 a,b 使得 $P\{a<W<b\}=1-\alpha$;

(4)从不等式 $a<W<b$ 中反解出 θ,得出等价形式.

$$\hat{\theta}_1(X_1,X_2,\cdots,X_n)<\theta<\hat{\theta}_2(X_1,X_2,\cdots,X_n),$$

这时可以得到 $P\{\hat{\theta}_1<W<\hat{\theta}_2\}=1-\alpha$,而 $(\hat{\theta}_1,\hat{\theta}_2)$ 为 θ 的置信度 $1-\alpha$ 的置信区间.

四、典型例题

例 1 证明在样本的线性组合 $\sum_{i=1}^{n} c_iX_i$ (其中 $\sum_{i=1}^{n} c_i=1$)中,$\bar{X}$ 是总体期望 μ 的无偏估计中的有效估计量.

证 设 $X_1,X_2,\cdots,X_n$ 是来自总体的一个样本,已知 $E(X)=\mu$,则 $E\left(\sum_{i=1}^{n} c_iX_i\right)=\sum_{i=1}^{n} c_iE(X_i)=\sum_{i=1}^{n} c_i\mu=\mu$,即样本的线性组合 $\sum_{i=1}^{n} c_iX_i$,$\sum_{i=1}^{n} c_i=1$ 为总体期望 μ 的无偏估计,而 $\bar{X}=\frac{1}{n}\sum_{i=1}^{n} X_i=\sum_{i=1}^{n}\frac{1}{n}X_i$,故 $\bar{X}$ 是总体期望 μ 的无偏估计. 下面比较 $D(\bar{X})$ 与 $D(\sum_{i=1}^{n} c_iX_i)$,因为样本具有独立性,若假设 $D(X)=\sigma^2$,则有

$$D(\bar{X})=D\left(\frac{1}{n}\sum_{i=1}^{n} X_i\right)=\frac{1}{n^2}\sum_{i=1}^{n} D(X_i)=\frac{1}{n}\sigma^2,$$

$$D\left(\sum_{i=1}^{n} c_i X_i\right) = \sum_{i=1}^{n} c_i^2 D(X_i) = \sigma^2 \sum_{i=1}^{n} c_i^2,$$

若在柯西不等式中 $\left(\sum_{i=1}^{n} x_i y_i\right)^2 \leqslant \sum_{i=1}^{n} x_i^2 \sum_{i=1}^{n} y_i^2$，取 $x_i = c_i$，$y_i = 1$，其中 $\sum_{i=1}^{n} c_i = 1$，则有 $\left(\sum_{i=1}^{n} c_i\right)^2 \leqslant n \sum_{i=1}^{n} c_i^2$ 即 $\frac{1}{n} \leqslant \sum_{i=1}^{n} c_i^2$，所以 $D(\bar{X}) = \frac{1}{n}\sigma^2 \leqslant \sigma^2 \sum_{i=1}^{n} c_i^2 = D\left(\sum_{i=1}^{n} c_i X_i\right)$.
故 $\bar{X}$ 是总体期望 μ 的无偏估计中的有效估计量.

例 2 设总体 X 的分布律为 $P\{X=k\} = (1-p)^{k-1}p$，$k=1,2,\cdots$，其中 p 为未知参数，$X_1, X_2, \cdots, X_n$ 为取自总体 X 的样本，试求 p 的矩估计和极大似然估计.

解 (1) 矩估计：因为 $E(X) = \sum_{k=1}^{\infty} k(1-p)^{k-1}p = p\left(\sum_{k=1}^{\infty} x^k\right)'\Big|_{x=1-p} = \frac{1}{p}$，因此令 $\frac{1}{p} = \bar{X}$，其中 $\bar{X} = \frac{1}{n}\sum_{i=1}^{n} X_i$，故 p 的矩估计是 $\hat{p} = \frac{1}{\bar{X}}$；

(2)极大似然估计：

求似然函数：$L(x_1, x_2, \cdots, x_n; p) = \prod_{i=1}^{n} P(X_i = x_i) = (1-p)^{\sum_{i=1}^{n} x_i - n} p^n$；

两边取对数：$\ln L = \left(\sum_{i=1}^{n} x_i - n\right)\ln(1-p) + n\ln p$；

求导：$\frac{\mathrm{d}\ln L}{\mathrm{d}p} = \frac{n - \sum_{i=1}^{n} x_i}{1-p} + \frac{n}{p}$；

令 $\frac{\mathrm{d}\ln L}{\mathrm{d}p} = 0$，得到 p 的极大似然估计 $\hat{p} = \frac{1}{\bar{X}}$.

例 3 假设总体 $X \sim U[a,b]$，从中随机抽取样本 $X_1, X_2, \cdots, X_n$，试用极大似然估计方法估计参数 a, b.

解 $X \sim U(a,b)$，则

$$f(x) = \begin{cases} \frac{1}{b-a}, & a \leqslant x \leqslant b, \\ 0, & \text{其他}, \end{cases}$$

极大似然函数

$$L(a,b) = \frac{1}{(b-a)^n}.$$

由于 $L(a,b)$ 无驻点，不能用似然方程组求极大值，所以根据极大似然估计的思想，只需要极大似然函数越大越好，要 $L(a,b)$ 越大，即要求 $b-a$ 尽可能小，故而要

求 b 尽可能小，a 尽可能大，所以估计值

$$\hat{a}=\min\{x_1,x_2,\cdots,x_n\},\quad \hat{b}=\max\{x_1,x_2,\cdots,x_n\}.$$

例 4　设 $X\sim N(\mu,1)$，为得到 μ 的置信水平为 0.95 的置信区间长度不超过 1.2，样本容量应该为多大？

解　由题意可知，$\sigma^2=1$，因此 μ 的 0.95 的置信区间为

$$\left[\bar{x}-z_{1-\frac{\alpha}{2}}\frac{\sigma}{\sqrt{n}},\bar{x}+z_{1-\frac{\alpha}{2}}\frac{\sigma}{\sqrt{n}}\right],$$

其区间长度为 $2z_{1-\frac{\alpha}{2}}\frac{\sigma}{\sqrt{n}}$. 要求 $2z_{1-\frac{\alpha}{2}}\frac{\sigma}{\sqrt{n}}\leqslant 1.2$，则有

$$n\geqslant\left(\frac{5}{3}z_{1-\frac{\alpha}{2}}\right)^2.$$

查表得到 $z_{0.975}=1.96$，从而得到

$$n\geqslant\left(\frac{5}{3}\times 1.96\right)^2\approx 11,$$

即为使置信区间长度不超过 1.2，样本容量至少应该为 11.

例 5　随机的取某种炮弹 9 发做试验，测得炮口速度的样本标准差 $S=11\text{m/s}$，设炮弹口速度 $X\sim N(\mu,\sigma^2)$，求这种炮弹的炮口速度的标准差 σ 的 95% 的置信区间.

解　根据题意 $\alpha=0.05$，$n=9$，$S=11$，查表得到 $\chi^2_{0.025}(8)=17.535$，$\chi^2_{0.975}(8)=2.18$，故由

$$P\{\chi^2_{1-\frac{\alpha}{2}}(n-1)<\chi^2<\chi^2_{\frac{\alpha}{2}}(n-1)\}=1-\alpha$$

得到其 95%的置信区间为

$$\left(\sqrt{\frac{(n-1)S^2}{\chi^2_{\frac{\alpha}{2}}(n-1)}},\sqrt{\frac{(n-1)S^2}{\chi^2_{1-\frac{\alpha}{2}}(n-1)}}\right),$$

代入计算得标准差的 95%的置信区间为(7.4,21.1).

五、习题解答

1. 设总体 $X\sim \text{Exp}(\lambda)$，若测得 λ 的观测值为

5.2，4.8，4.9，5.3，4.7，5.0，5.1，5.4，5.2，4.9.

求出 λ 的矩估计值.

解　若 $X\sim Exp(\lambda)$，则 $\bar{X}=E(X)=\frac{1}{\lambda}$，因此 λ 的矩估计值

$$\hat{\lambda}=\frac{1}{\bar{X}}=\frac{1}{\frac{1}{10}\sum_{i=1}^{10}X_i}=0.1980.$$

2. 在一批零件中，随机抽取 8 个，测得长度如下(单位：mm)：

53.001，53.003，53.001，53.005，53.000，52.998，53.002，53.006.

设零件的长度测定值是服从正态分布的，求均值 μ 和方差 σ^2 的矩估计值.

解 假设零件的长度测定值为 X，根据题意可以得到

$$X\sim N(\mu,\sigma^2),\quad E(X)=\mu,\quad D(X)=\sigma^2,$$

即

$$\bar{X}=\frac{1}{n}\sum_{i=1}^{n}X_i=\hat{\mu},\quad B_2=\frac{1}{n}\sum_{i=1}^{n}(X_i-\bar{X})^2=\hat{\sigma}^2,$$

代入观测值得到 μ 和 σ^2 的估计值分别为 $\hat{\mu}=53.002$，$\hat{\sigma}^2=6\times10^{-6}$.

3. 设 $x_1,x_2,\cdots,x_n$ 是来自总体的一组观测值，求下列概率密度函数中 θ 的矩估计量和极大似然估计量.

(1) $f(x,\theta)=\begin{cases}(\theta+1)x^{\theta}, & 0<x<1,\\ 0, & \text{其他};\end{cases}$

(2) $f(x,\theta)=\begin{cases}\sqrt{\theta}x^{\sqrt{\theta}-1}, & 0<x<1,\theta>0,\\ 0, & \text{其他}.\end{cases}$

解 (1) $E(X)=\int_0^1 x(\theta+1)x^{\theta}\mathrm{d}x=\frac{\theta+1}{\theta+2}$，用样本均值 $\bar{X}$ 来估计总体均值，得 $\bar{X}=\frac{\theta+1}{\theta+2}$，求出 θ 的矩估计量 $\hat{\theta}=\frac{1-2\bar{x}}{\bar{x}-1}$.

由于 $x_1,x_2,\cdots,x_n$ 均来自该总体，得 $x_1,x_2,\cdots,x_n$ 的联合概率密度即似然函数

$$L=f(x_1,x_2,\cdots,x_n;\theta)=\prod_{i=1}^{n}f(x_i;\theta)=(\theta+1)^n\left(\prod_{i=1}^{n}x_i\right)^{\theta},$$

对似然函数两边取对数得到

$$\ln L=n\ln(\theta+1)+\theta\sum_{i=1}^{n}\ln x_i,$$

再对似然方程求导，

$$\frac{\mathrm{d}\ln L}{\mathrm{d}\theta}=\frac{n}{\theta+1}+\sum_{i=1}^{n}\ln x_i,$$

找到导数为 0 的点，即 $\frac{n}{\theta+1}+\sum_{i=1}^{n}\ln x_i=0$，求得极大似然估计量

$$\hat{\theta}=-\frac{n}{\sum_{i=1}^{n}\ln x_i}-1.$$

(2) $E(X)=\int_0^1 x\sqrt{\theta}x^{\sqrt{\theta}-1}\mathrm{d}x=\frac{\sqrt{\theta}}{\sqrt{\theta}+1}$，用样本均值 $\bar{X}$ 来估计总体均值，得

$$\bar{X}=\frac{\sqrt{\theta}}{\sqrt{\theta}+1},$$

求出 θ 的矩估计量

$$\hat{\theta}=\left(\frac{\bar{x}}{1-\bar{x}}\right)^2,$$

由于 $x_1,x_2,\cdots,x_n$ 均来自该总体，得 $x_1,x_2,\cdots,x_n$ 的联合概率密度即似然函数

$$L=f(x_1,x_2,\cdots,x_n;\theta)=\prod_{i=1}^n f(x_i;\theta)=\theta^{\frac{n}{2}}\left(\prod_{i=1}^n x_i\right)^{\sqrt{\theta}-1},$$

对似然函数两边取对数得到

$$\ln L=\frac{n}{2}\ln\theta+(\sqrt{\theta}-1)\sum_{i=1}^n \ln x_i,$$

再对似然方程求导，

$$\frac{\mathrm{d}\ln L}{\mathrm{d}\theta}=\frac{n}{2\theta}+\frac{1}{2\sqrt{\theta}}\sum_{i=1}^n \ln x_i,$$

找到导数为0的点，即 $\frac{n}{2\theta}+\frac{1}{2\sqrt{\theta}}\sum_{i=1}^n \ln x_i=0$，求得极大似然估计量

$$\hat{\theta}=\left(\frac{n}{\sum_{i=1}^n \ln x_i}\right)^2.$$

4. 设 $X_1,X_2,\cdots,X_n$ 是来自总体 $N(\mu,\sigma^2)$ 的一组样本，其中 μ 已知，试用极大似然估计法求 σ^2 得估计值.

解 若 $X_1,X_2,\cdots,X_n$ 服从 $N(\mu,\sigma^2)$，因此可得似然函数

$$L=f(x_1,x_2,\cdots,x_n;\theta)=\prod_{i=1}^n f(x_i;\theta)=\left(\frac{1}{\sqrt{2\pi}\sigma}\right)^n \mathrm{e}^{\frac{-\sum_{i=1}^n (x_i-\mu)^2}{2\sigma^2}},$$

对似然函数两边取对数得到

$$\ln L=-n\ln\sqrt{2\pi}-\frac{n}{2}\ln\sigma^2-\frac{1}{2\sigma^2}\sum_{i=1}^n (x_i-\mu)^2,$$

再对似然方程求导，

$$\frac{\mathrm{d}\ln L}{\mathrm{d}\sigma^2}=-\frac{n}{2\sigma^2}+\frac{1}{2\sigma^4}\sum_{i=1}^n (x_i-\mu)^2;$$

找到导数为0的点，即求上述似然方程组的解，求得极大似然估计量

$$\hat{\sigma}^2=\frac{1}{n}\sum_{i=1}^n (x_i-\mu)^2.$$

5. 设 $x_1,x_2,\cdots,x_n$ 是来自总体的一组观测值，设 X 的密度函数为

$$f(x,\theta)=\begin{cases}e^{-(x-\theta)}, & x\geqslant\theta,\\ 0, & x<\theta,\end{cases}$$

其中 θ 未知，证明 θ 的极大似然估计值为 $\hat{\theta}=\min\limits_{1\leqslant i\leqslant n}|x_i|$.

证 由于 $x_1,x_2,\cdots,x_n$ 均来自该总体，得 $x_1,x_2,\cdots,x_n$ 的联合概率密度即似然函数

$$L=f(x_1,x_2,\cdots,x_n;\theta)=\prod_{i=1}^{n}f(x_i;\theta)=e^{-\sum\limits_{i=1}^{n}(x_i-\theta)},$$

对似然函数两边取对数得到 $\ln L=-\sum\limits_{i=1}^{n}(x_i-\theta)$，对 θ 求导后发现，无法找到导数为 0 的点，因此根据极大似然函数的定义，找到 θ 的估计值使得极大似然函数达到最大，而极大似然函数要达到最大，要求 θ 要最大，根据概率密度函数可以知道 $x_i\geqslant\theta$，故

$$\theta=\min_{1\leqslant i\leqslant n}x_i.$$

6. 设 X 具有分布律

X	1	2	3
P	θ^2	$2\theta(1-\theta)$	$(1-\theta)^2$

其中 θ 未知，$0<\theta<1$，已知取得一个样本值 $(x_1,x_2,x_3)=(1,2,1)$，求未知参数 θ 的极大似然估计量.

解 由样本值 $(x_1,x_2,x_3)=(1,2,1)$，X 的分布律得到

$$P(x_1=1,x_2=2,x_3=1)=\theta^2\cdot2\theta(1-\theta)\cdot(1-\theta^2),$$

极大似然估计的思想是找到 θ 的估计值，使得样本出现的可能性最大，即求最值问题，因此上式两边对 θ 求导，

$$\frac{\mathrm{d}P}{\mathrm{d}\theta}=10\theta^4-12\theta^5,$$

找到导数为 0 的点即最值存在点，故 θ 的极大似然估计值 $\hat{\theta}=\frac{5}{6}$.

7. 假设有总体 $X\sim N(\mu,1)$，其中 μ 未知，X_1,X_2,X_3 是来自于该总体的样本，试判断下列估计量：

$$\hat{\mu}_1=\frac{1}{5}X_1+\frac{3}{10}X_2+\frac{1}{2}X_3,$$

$$\hat{\mu}_2=\frac{1}{3}X_1+\frac{1}{4}X_2+\frac{5}{12}X_3,$$

$$\hat{\mu}_3=\frac{1}{3}X_1+\frac{1}{6}X_2+\frac{1}{2}X_3$$

是否是 μ 的无偏估计，哪个最有效?

解　由 X_1, X_2, X_3 均来自于总体 $N(\mu,1)$，可得 $E(X_i)=\mu$, $D(X_i)=1$.

$E(\hat{\mu}_1)=E\left(\frac{1}{5}X_1+\frac{3}{10}X_2+\frac{1}{2}X_3\right)=\frac{1}{5}\mu+\frac{3}{10}\mu+\frac{1}{2}\mu=\mu$，故 $\hat{\mu}_1$ 是无偏估计，

$$D(\hat{\mu}_1)=D\left(\frac{1}{5}X_1+\frac{3}{10}X_2+\frac{1}{2}X_3\right)=\frac{1}{25}D(X_1)+\frac{9}{100}D(X_2)+\frac{1}{4}D(X_3)$$
$$=\frac{38}{100}=0.38,$$

$E(\hat{\mu}_2)=E\left(\frac{1}{3}X_1+\frac{1}{4}X_2+\frac{5}{12}X_3\right)=\frac{1}{3}\mu+\frac{1}{4}\mu+\frac{5}{12}\mu=\mu$，故 $\hat{\mu}_2$ 是无偏估计，

$$D(\hat{\mu}_2)=D\left(\frac{1}{3}X_1+\frac{1}{4}X_2+\frac{5}{12}X_3\right)=\frac{1}{9}D(X_1)+\frac{1}{16}D(X_2)+\frac{25}{144}D(X_3)$$
$$=\frac{50}{144}\approx 0.35,$$

$E(\hat{\mu}_3)=E\left(\frac{1}{3}X_1+\frac{1}{6}X_2+\frac{1}{2}X_3\right)=\frac{1}{3}\mu+\frac{1}{6}\mu+\frac{1}{2}\mu=\mu$，故 $\hat{\mu}_3$ 是无偏估计，

$$D(\hat{\mu}_3)=D\left(\frac{1}{3}X_1+\frac{1}{6}X_2+\frac{1}{2}X_3\right)=\frac{1}{9}D(X_1)+\frac{1}{36}D(X_2)+\frac{1}{4}D(X_3)$$
$$=\frac{14}{36}\approx 0.39.$$

显然，$D(\hat{\mu}_2)<D(\hat{\mu}_1)<D(\hat{\mu}_3)$，故 $\hat{\mu}_2$ 估计最有效.

8. 设 $X_1, X_2, \cdots, X_n$ 是总体 X 的一组样本，且已知 $E(X)=a$，证明 $\hat{\sigma}^2=\frac{1}{2}\sum_{i=1}^{n}(X_i-a)^2$ 是 $D(X)=\sigma^2$ 的无偏估计.

证　$E(\hat{\sigma}^2)=E\left(\frac{1}{n}\sum_{i=1}^{n}(X_i-a)^2\right)=\frac{1}{n}\sum_{i=1}^{n}E(X_i-a)^2$,

$$=\frac{1}{n}\sum_{i=1}^{n}E(X_i^2)+a^2-2aE(X_i),$$

又因为 $E(X_i^2)=(E(X_i))^2+D(X_i)=a^2+\sigma^2$，故

$$E(\hat{\sigma}^2)=\frac{1}{n}\sum_{i=1}^{n}E(X_i^2)+a^2-2aE(X_i)$$
$$=\frac{1}{n}(n(a^2+\sigma^2)+na^2-2na^2)=\sigma^2,$$

因此 $\hat{\sigma}^2$ 是 σ^2 的无偏估计.

9. 设总体 $X\sim U(\theta,2\theta)$，其中 θ 未知，$x_1, x_2, \cdots, x_n$ 是来自总体的一组观测值，求证：$\hat{\theta}=\frac{2}{3}\bar{x}$ 是参数 θ 的无偏估计.

证 由于总体 $X \sim U(\theta, 2\theta)$，则 $E(X) = \frac{3\theta}{2}$，$D(X) = \frac{\theta^2}{12}$，

$$E(\hat{\theta}) = E\left(\frac{2}{3}\bar{x}\right) = \frac{2}{3}E(\bar{x}) = \frac{2}{3} \cdot \frac{3\theta}{2} = \theta,$$

故 $\hat{\theta}$ 是 θ 的无偏估计.

10. 某工厂生产某种部件，其质量服从正态分布，今随机地抽取 9 个，测得质量如下(单位：kg)：

$$14.6, 14.7, 15.1, 14.9, 14.8, 15.0, 15.1, 15.2, 14.8.$$

在(1)已知零件的标准差 $\sigma = 0.15$kg；(2)未知零件标准差 σ 的条件下，求其平均质量 μ 的置信度为 0.95 的置信区间.

解 (1)根据题意 $\sigma = 0.15$，$n = 9$，$\bar{x} = 14.91$，$\alpha = 0.05$，查表得 $z_{0.975} = 1.96$，于是可以得到

$$\bar{x} - z_{1-\frac{\alpha}{2}} \frac{\sigma}{\sqrt{n}} = 14.91 - 1.96 \times \frac{0.15}{3} = 14.81,$$

$$\bar{x} + z_{1-\frac{\alpha}{2}} \frac{\sigma}{\sqrt{n}} = 14.91 + 1.96 \times \frac{0.15}{3} = 15.01,$$

即平均质量 μ 置信度为 0.95 的置信区间为(14.82,15.01).

(2)若未知零件标准差 σ 的条件下，计算得到 $s^2 = 0.041$，$s = 0.2028$，查表得 $t_{0.025}(8) = 2.306$，因此可以得到

$$\bar{x} - t_{\frac{\alpha}{2}}(n-1) \frac{S}{\sqrt{n}} = 14.91 - 2.306 \times \frac{0.2028}{3} = 14.76,$$

$$\bar{x} + t_{\frac{\alpha}{2}}(n-1) \frac{S}{\sqrt{n}} = 14.91 + 2.306 \times \frac{0.2028}{3} = 15.07,$$

即平均质量 μ 的置信度为 0.95 的置信区间为(14.75,15.07).

11. 对某校的学生随机抽取 10 名，测得其体重如下(单位：kg)：

$$50.7, 54.9, 54.3, 44.8, 42.2, 69.8, 53.4, 66.1, 48.1, 54.5.$$

设体重服从正态分布，求其标准差 σ 的置信度为 0.9 的置信区间.

解 根据题意，得到 $n = 10$，计算得到 $s^2 = 74.11$，由 $1 - \alpha = 0.9$，查表得 $\chi^2_{0.05}(9) = 16.92$，$\chi^2_{0.95}(9) = 3.33$，于是可以得到

$$\sqrt{\frac{(n-1)s^2}{\chi_{0.05}{}^2(9)}} = \sqrt{\frac{9 \times 74.11}{16.92}} = 6.28,$$

$$\sqrt{\frac{(n-1)s^2}{\chi_{0.05}{}^2(9)}} = \sqrt{\frac{9 \times 74.11}{3.33}} = 14.15,$$

故总体标准差的置信度为 90%的置信区间为(6.28,14.15).

12. 对某钢材的抗剪力进行 10 次测试,测得试验结果如下(单位:kg):

56.8,59.0,56.2,56.8,56.2,59.6,59.0,58.4,58.0,59.2.

已知抗剪力服从正态分布 $N(\mu,\sigma^2)$,求

(1) 已知 $\sigma^2=1.23$;

(2) σ^2 未知的条件下,分别求 μ 的置信度为 0.9 的置信区间.

解 (1) 根据题意 $\sigma^2=1.23$, $n=10$, 计算得到 $\bar{x}=57.92$, $\alpha=0.1$, $z_{0.95}=1.65$, 于是可以得到

$$\bar{x}-z_{1-\frac{\alpha}{2}}\frac{\sigma}{\sqrt{n}}=57.92-1.65\times\frac{1.11}{\sqrt{10}}=57.34,$$

$$\bar{x}+z_{1-\frac{\alpha}{2}}\frac{\sigma}{\sqrt{n}}=57.92+1.65\times\frac{1.11}{3}=58.61,$$

故抗剪力 μ 的置信度为 0.9 的置信区间为(57.34,58.61).

(2) 若未知 σ^2 的条件下,计算得到 $s^2=1.72$, $s=1.31$, 查表得 $t_{0.05}(9)=1.83$, 因此可以得到

$$\bar{x}-t_{\frac{\alpha}{2}}(n-1)\frac{S}{\sqrt{n}}=57.92-1.83\times\frac{1.31}{\sqrt{10}}=57.16,$$

$$\bar{x}+t_{\frac{\alpha}{2}}(n-1)\frac{S}{\sqrt{n}}=57.92+1.83\times\frac{1.31}{\sqrt{10}}=58.68,$$

即未知 σ^2 的条件下, μ 的置信度为 0.9 的置信区间为(57.16,58.68).

13. 设晶体管的寿命 X 服从正态分布 $N(\mu,\sigma^2)$, 从中随机抽取 100 个做寿命试验,测得其平均寿命为 $\bar{X}=1000$ 小时,标准差 $s=40$ 小时,求这批晶体管的平均寿命的置信度为 0.95 的置信区间.

解 根据题意 $n=100$, $\bar{x}=1000$, $s=40$, $\alpha=0.05$, σ^2 未知,查表得 $t_{0.025}(100)=1.984$, 于是可以得到

$$\bar{x}-t_{\frac{\alpha}{2}}(n-1)\frac{S}{\sqrt{n}}=1000-1.984\times\frac{40}{10}=992.06,$$

$$\bar{x}+t_{\frac{\alpha}{2}}(n-1)\frac{S}{\sqrt{n}}=1000+1.984\times\frac{40}{10}=1007.84,$$

即晶体管的平均寿命 μ 的置信度为 0.95 的置信区间为(992.06,1007.84).

14. 某种零件的加工时间 $X\sim N(\mu,\sigma^2)$, 现进行 30 次独立试验,测得样本均值为 $\bar{x}=5.5$ 秒,样本标准差 $s=1.729$ 秒,若置信度为 0.95,试估计加工时间的数学期望和标准差的置信区间.

解 (1)根据题意 $n=30$, $\bar{x}=5.5$, $s=1.729$, $s^2=2.99$, $\alpha=0.05$, σ^2 未知,查表得到 $t_{0.025}(29)=2.045$ 则加工时间的数学期望即加工时间的总体均值的置信度为 0.95 的置信区间为

$$\left(\bar{x}-t_{\frac{\alpha}{2}}(n-1)\frac{S}{\sqrt{n}},\quad \bar{x}+t_{\frac{\alpha}{2}}(n-1)\frac{S}{\sqrt{n}}\right),$$

$$\bar{x}-t_{\frac{\alpha}{2}}(n-1)\frac{S}{\sqrt{n}}=5.5-2.045\times\frac{1.729}{\sqrt{29}}=4.84,$$

$$\bar{x}+t_{\frac{\alpha}{2}}(n-1)\frac{S}{\sqrt{n}}=5.5+2.045\times\frac{1.729}{\sqrt{29}}=6.16,$$

因此得到加工时间的数学期望的置信度为 0.95 的置信区间为(4.84,6.16).

(2) 要求标准差的置信度为 0.95 的置信区间,先查表

$$\chi^2_{0.025}(29)=45.72,\quad \chi^2_{0.975}(29)=16.05,$$

计算得到

$$\sqrt{\frac{(n-1)s^2}{\chi_{0.05}{}^2(29)}}=\sqrt{\frac{28\times 2.99}{45.72}}=1.35,$$

$$\sqrt{\frac{(n-1)s^2}{\chi_{0.975}{}^2(29)}}=\sqrt{\frac{28\times 2.99}{16.05}}=2.28,$$

故加工时间的标准差的置信度为 0.95 的置信区间(1.35,2.28).

15. 用铂球测定引力常数(单位:$10^{-11}\mathrm{m}^3\cdot\mathrm{kg}^{-1}\cdot\mathrm{s}^{-2}$)得测定值

6.683,6.681,6.676,6.678,6.679,6.672.

设引力常数 $X\sim N(\mu,\sigma^2)$,μ 和 σ^2 均未知,求 σ^2 的置信度为 0.9 的置信区间.

解　根据题意得到 $n=6$,计算得到:$\bar{x}=6.68$,$s^2=1.50\times10^{-5}$,查表得到 $\chi^2_{0.05}(5)=11.07$,$\chi^2_{0.95}(5)=1.15$,经计算

$$\frac{(n-1)s^2}{\chi^2_{0.05}(5)}=\frac{5\times1.50\times10^{-5}}{11.07}=6.78\times10^{-6},$$

$$\frac{(n-1)s^2}{\chi^2_{0.95}(5)}=\frac{5\times1.50\times10^{-5}}{1.15}=6.52\times10^{-5},$$

故 σ^2 的置信度为 0.9 的置信区间为 $(6.78\times10^{-6},6.52\times10^{-5})$.

16. 设某种清漆的干燥时间 $X\sim N(\mu,\sigma^2)$(单位:小时),现有 9 个样本观测值:

6.0,5.7,5.8,6.5,7.0,6.3,5.6,6.1,5.0.

(1)若已知 $\sigma=0.6$ 小时;(2)若 σ 未知. 求 μ 的置信度为 0.95 的置信区间.

解　(1)已知 $\sigma=0.6$,$n=9$,计算得到 $\bar{x}=6$,$s^2=0.33$,$\alpha=0.05$ 查表得到 $z_{1-\frac{\alpha}{2}}=z_{0.975}=1.96$,于是可以得到

$$\bar{x}-z_{1-\frac{\alpha}{2}}\frac{\sigma}{\sqrt{n}}=6-1.96\times\frac{0.6}{\sqrt{9}}=5.61,$$

$$\bar{x}+z_{1-\frac{\alpha}{2}}\frac{\sigma}{\sqrt{n}}=6+1.96\times\frac{0.6}{\sqrt{9}}=6.39,$$

故 μ 的置信度为 0.95 的置信区间为(5.61,6.39).

(2)若未知 σ^2 的条件下,查表得 $t_{0.025}(8)=2.306$,因此可以得到

$$\bar{x}-t_{\frac{\alpha}{2}}(n-1)\frac{S}{\sqrt{n}}=6-2.306\times\frac{0.5745}{\sqrt{9}}=5.56,$$

$$\bar{x}+t_{\frac{\alpha}{2}}(n-1)\frac{S}{\sqrt{n}}=6+2.306\times\frac{0.5745}{\sqrt{9}}=6.44,$$

即未知 σ^2 的条件下,μ 的置信度为 0.95 的置信区间为(5.56,6.44).

17. 从某汽车轮胎厂生产的某种轮胎中,随机的抽取 10 个样品进行磨损试验,直至轮胎行驶磨坏为止,测得它们的行驶路程如下(单位:km):

41250,41010,42650,38970,40200,42550,43500,40400,41870,39800.

设汽车轮胎行驶路程服从正态分布 $N(\mu,\sigma^2)$,求(1) μ 的置信度为 0.95 的置信下限;(2) σ 的置信度为 0.95 的置信上限.

解 (1) 根据题意得到 $n=10$,$\alpha=0.05$,计算得到 $\bar{x}=41220$,$s^2=2.03\times10^6$,查表得到 $t_{0.05}(9)=1.833$,则 μ 的单侧置信下限为

$$\bar{x}-t_{0.05}(n-1)\frac{s}{\sqrt{n}}=41220-1.833\times\frac{1.42\times10^3}{\sqrt{10}}=40397,$$

则可以认为有 95%的可能可以保证行驶的距离不低于 40397km.

(2) 在 μ 未知的情况下,查表得到 $\chi^2_{0.95}(9)-16.92$,丁是可以得到 σ 的单侧置信上限为

$$\sqrt{\frac{(n-1)s^2}{\chi^2_{0.95}(9)}}=\sqrt{\frac{9\times2.03\times10^6}{3.33}}=2342.3,$$

则可以认为 95%的可靠度保证行驶距离的标准差不超过 2342.3km.

18. 设从一批灯泡中随机的抽取 5 只做寿命试验,测得寿命(单位:小时)为 1050,1100,1120,1250,1280,设灯泡寿命服从正态分布,求灯泡寿命平均值的置信度为 0.95 的单侧置信下限.

解 根据题意得到 $n=5$,$\alpha=0.05$,计算得到 $\bar{x}=1160$,$s^2=9950$,$s=99.75$ 查表得到 $t_{0.05}(4)=2.132$,则 μ 的单侧置信下限为

$$\bar{x}-t_{0.05}(n-1)\frac{s}{\sqrt{n}}=1160-2.132\times\frac{99.75}{\sqrt{5}}=1064.9,$$

则可以认为有 95%的可能可以保证灯泡的平均寿命不低于 1064.9 小时.

19. 对于方差 σ^2 为已知的正态总体，问需要取容量 n 为多大的样本才能使得总体均值的置信度为 $1-\alpha$ 的置信区间长度不大于 L？

解　由 σ^2 已知，可得总体均值的置信度为 $1-\alpha$ 的置信区间为

$$\left(\bar{x}-z_{1-\frac{\alpha}{2}}\frac{\sigma}{\sqrt{n}},\bar{x}+z_{1-\frac{\alpha}{2}}\frac{\sigma}{\sqrt{n}}\right),$$

因此区间长度为 $2z_{1-\frac{\alpha}{2}}\frac{\sigma}{\sqrt{n}}$，根据题意要求区间长度不大于 L，即要求 $2z_{1-\frac{\alpha}{2}}\frac{\sigma}{\sqrt{n}}\leqslant L$，得到 $n\geqslant\left(2z_{1-\frac{\alpha}{2}}\frac{\sigma}{L}\right)^2$.

20. 设总体为正态分布 $N(\mu,1)$，为得到 μ 的置信度为 0.95 的置信区间长度不超过 1.2，样本容量应为多大？

解　根据题意知道 $\sigma^2=1$，$\alpha=0.05$，查表得到 $z_{0.975}=1.96$，则 μ 的置信度为 0.95 的置信区间长度为 $2z_{1-\frac{\alpha}{2}}\frac{\sigma}{\sqrt{n}}=2\times1.96\times\frac{1}{\sqrt{n}}\leqslant1.2$，解得 $n\geqslant11$.

第 8 章　假 设 检 验

一、基 本 要 求

1. 理解假设检验的基本思想，会构造简单假设的显著性检验.

2. 了解原假设与对立假设的概念，弄清两者的区别与联系.

3. 掌握假设检验的基本步骤.

4. 掌握参数(均值、方差)的假设检验.

5. 了解分布的假设检验.

二、内 容 提 要

(一)假设检验的基本概念

统计假设:对任何一个的未知参数或总体的分布所作出的某种假设.

参数假设:若总体的分布已知，对总体分布中所包含的未知参数作出的假设.相应的假设检验为参数检验.

非参数假设:若总体的分布未知，对总体分布函数作出的假设.相应的假设检验为非参数检验.

原假设(或零假设):通常表示参数或分布没有变异发生，用 H_0 表示;

对立假设(或备择假设):通常表示参数或分布有变异发生，是原假设的对立事件，用 H_1 表示.

显著性检验:在显著性水平下，对未知参数及统计假设进行检验.

检验的接受域:使原假设 H_0 得以接受的检验统计量取值的区域;

检验的拒绝域:使原假设 H_0 被拒绝的检验统计量取值的区域.

检验的两类错误:当 H_0 成立时，拒绝它，这类错误称为第一类错误，或称“弃真”的错误;当 H_0 不成立时，接受它，这类错误称为第二类错误，或称“取伪”的错误.

(二)假设检验的基本步骤

1. 根据问题的具体要求，提出原假设 H_0;

2. 根据原假设 H_0，构造一个适合的检验统计量 U，确定统计量的分布;

3. 给出一个显著性水平 α，根据检验统计量的分布确定拒绝域；

4. 由样本观测值计算检验统计量的值，判断该值是在拒绝域还是在接受域，作出拒绝 H_0 或接受 H_0 的检验结论.

(三)参数的假设检验

参数的检验方法列表如下(表 8.1)：

表 8.1

检验参数	假设 H_0	统计量	分布	拒绝域
均值 μ	$\mu=\mu_0$ $(\sigma=\sigma_0)$	$U=\dfrac{\overline{X}-\mu_0}{\sigma_0/\sqrt{n}}$	$N(0,1)$	$\lvert U\rvert\geqslant z_{\alpha/2}$
	$\mu=\mu_0$ (σ^2 未知)	$T=\dfrac{\overline{X}-\mu_0}{S/\sqrt{n}}$	$t(n-1)$	$\lvert T\rvert\geqslant t_{\alpha/2}$
	$\mu_1=\mu_2$ (σ_1，σ_2 已知)	$U=(\overline{X}-\overline{Y})/\sqrt{\dfrac{\sigma_1^2}{m}+\dfrac{\sigma_2^2}{n}}$	$N(0,1)$	$\lvert U\rvert\geqslant z_{\alpha/2}$
	$\mu_1=\mu_2$ $\sigma_1=\sigma_2$ 未知	$T=\dfrac{\overline{X}-\overline{Y}}{\sqrt{(m-1)S_1^2+(n-1)S_2^2}}\cdot\sqrt{\dfrac{mn(m+n-2)}{m+n}}$	$t(m+n-2)$	$\lvert T\rvert\geqslant t_{\alpha/2}$
方差 σ^2	$\sigma^2=\sigma_0^2$	$\chi^2=\dfrac{(n-1)S^2}{\sigma_0^2}$	$\chi^2(n-1)$	$\chi^2\leqslant\chi^2_{1-\alpha/2}$ $\chi^2\geqslant\chi^2_{\alpha/2}$
	$\sigma_1^2=\sigma_2^2$	$F=\dfrac{S_1^2}{S_2^2}$	$F(m-1,n-1)$	$F\leqslant F_{1-\alpha/2}$ $F\geqslant F_{\alpha/2}$

(四)分布的假设检验

1. 总体为离散型随机变量

设总体 X 是仅取 k 个值 $a_1,a_2,\cdots,a_k$ 的离散型随机变量.

原假设 H_0：X 的分布律为 $P\{X=a_i\}=p_i$，$i=1,\cdots,k$.

在实数轴上取 $k-1$ 个点 $a_1<a_2<\cdots<a_{k-1}$，将区间 $(-\infty,+\infty)$ 划分为 $-\infty<a_1<a_2<\cdots<a_{k-1}<+\infty$，一共得到 k 个区间，记为

$$I_1=(-\infty,a_1],\ I_2=(a_1,a_2],\cdots,I_{k-1}=(a_{k-2},a_{k-1}],\ I_k=(a_{k-1},+\infty).$$

用 n_i 表示观察值 $(x_1,x_2,\cdots,x_n)$ 落在区间 I_i 内的频数，$i=1,2,\cdots,k$，而 $\dfrac{n_i}{n}$ 为相应的频率.

当原假设 H_0 成立时,有

$$\chi^2=\sum_{i=1}^{k}\frac{(n_i-np_i)^2}{np_i}\sim\chi^2(k-1).$$

给定显著水平 α,查表求出临界值 $\chi_\alpha^2(k-1)$,再由样本观察值计算出统计量 χ^2 的值,若 $\chi^2\geqslant\chi_\alpha^2(k-1)$ 时,拒绝假设 H_0.

2. 总体为连续型随机变量

设样本 $X_1,X_2,\cdots,X_n$ 来自分布函数为 $F(x)$ 的总体.

原假设 H_0:总体 X 的分布函数为 $F(x)$,$F(x)$ 中有 r 个未知参数 $\theta_1,\theta_2,\cdots,\theta_r$.

在实数轴上取 $k-1$ 个点 $a_1<a_2<\cdots<a_{k-1}$,将区间 $(-\infty,+\infty)$ 划分为

$$-\infty<a_1<a_2<\cdots<a_{k-1}<+\infty,$$

一共得到 k 个区间,记为

$$I_1=(-\infty,a_1],\ I_2=(a_1,a_2],\cdots,I_{k-1}=(a_{k-2},a_{k-1}],\ I_k=(a_{k-1},+\infty).$$

用 n_i 表示观察值 $(x_1,x_2,\cdots,x_n)$ 落在区间 I_i 内的频数,$i=1,2,\cdots,k$,而 $\frac{n_i}{n}$ 为相应的频率.

当原假设 H_0 成立时,有

$$\chi^2=\sum_{i=1}^{k}\frac{(n_i-np_i)^2}{np_i}\sim\chi^2(k-1-r).$$

给定显著水平 α,查表求出临界值 $\chi_\alpha^2(k-1-r)$,再由样本观察值计算出统计量 χ^2 的值,若 $\chi^2\geqslant\chi_\alpha^2(k-1-r)$ 时,拒绝假设 H_0.

三、释 疑 解 难

1. 同一个问题同样的数据,使用不同的显著性水平,其检验结果是否不同?

不同的显著性水平下,检验的结果可能是不同的. 例如,当统计量的伴随概率为 $p=0.07$ 时,在显著性水平 $\alpha=0.05$ 下接受原假设,而在显著性水平 $\alpha=0.10$ 下则拒绝原假设.

2. 针对同一个问题及同一批数据,如果使用不同的显著性水平,其检验结果是否不同?

不同的显著性水平下,检验的结论可能不相同. 例如根据样本计算 t 统计量 $t=2.013$,当自由度为10时,在显著性水平 $\alpha=0.1$ 下,$t_{0.05}(10)=1.812$,$t=2.013>t_{0.05}(10)$,拒绝原假设;而在显著性水平 $\alpha=0.05$ 下,$t_{0.025}(10)=2.228$,$t=2.013<t_{0.025}(10)$,接受原假设.

四、典型例题

例 1 某种零件的长度 $X \sim N(32.5, 1.21)$（单位：克），某天从生产的零件中，随机地抽取 6 件，测得长度为（单位：mm）

$$32.56, 29.66, 31.64, 30.00, 31.87, 31.03.$$

问当天生产的零件长度是否有显著变化？（$\alpha = 0.05$）

解 方差已知，均值的检验.

已知条件：$\bar{X} = 31.127$，$\mu_0 = 32.5$，$\sigma = 1.1$，$n = 6$.

待检验的假设为：$H_0: \mu = 32.5$，$H_1: \mu \neq 32.5$.

在 H_0 成立的条件下，统计量

$$U = \frac{\bar{X} - \mu_0}{\sigma / \sqrt{n}} \sim N(0,1).$$

对 $\alpha = 0.05$，查表可得 $z_{\alpha/2} = 1.96$，$P\{|U| \geqslant 1.96\} = 0.05$，由于

$$|U| = \left|\frac{31.127 - 32.5}{1.1/\sqrt{6}}\right| = 3.057 > 1.96,$$

故拒绝原假设 H_0，也就是说，当天生产的零件长度有显著变化.

例 2 某食品厂用自动罐装机装罐头食品，每罐标准质量为 500g，要了解机器工作情况，随机抽取 10 罐检测，每罐平均重 $\bar{x} = 502$ g，标准差 $S = 6.493$，设每罐净重服从正态分布，问罐装机工作是否正常？（$\alpha = 0.05$）

解 方差未知，均值的检验.

已知条件：$\bar{X} = 502$，$\mu_0 = 500$，$S = 6.493$，$n = 10$.

待检验的假设为：$H_0: \mu = 500$，$H_1: \mu \neq 500$.

在 H_0 成立的条件下，统计量

$$T = \frac{\bar{X} - \mu_0}{S / \sqrt{n}} \sim t(n-1),$$

对 $\alpha = 0.05$，查表可得 $t_{\alpha/2}(n-1) = t_{0.025}(9) = 2.262$，$P\{|T| \geqslant 2.262\} = 0.05$，由于

$$|T| = \left|\frac{502 - 500}{6.493/\sqrt{10}}\right| = 0.974 < 2.262,$$

故接受原假设 H_0，也就是说，自动罐装机工作正常.

例 3 已知甲、乙两厂生产的灯泡寿命均服从正态分布，现从甲乙两厂分别抽取样本为：

甲厂　$m = 50$，$\bar{x} = 1282$，$s_1^2 = 6400$，

乙厂 $n=60$，$\bar{x}=1208$，$s_1^2=8836$.

问甲、乙两厂生产的灯泡平均寿命有无显著差异？（$\alpha=0.05$）

解 两个正态总体，方差未知，均值差的检验.

(1) 首先检验总体方差是否相等，待检验的假设为

$$H_0:\sigma_1^2=\sigma_2^2,\quad H_1:\sigma_1^2\neq\sigma_2^2.$$

在 H_0 成立的条件下，统计量

$$F=\frac{s_1^2}{s_2^2}\sim F(m-1,n-1),$$

对于给定的 $\alpha=0.05$，查 F 分布表，得临界值

$$F_{\frac{\alpha}{2}}(59,49)=1.74,\quad F_{1-\frac{\alpha}{2}}=\frac{1}{1.74}=0.57,$$

由于

$$F=\frac{s_1^2}{s_2^2}=1.38,\quad 0.57\leqslant F\leqslant 1.74,$$

故接受 H_0，即认为甲、乙两厂生产的灯泡寿命的方差无显著差异.

(2) 总体方差无显著差异的条件下，检验均值是否相等.

待检验的假设为：$H_0:\mu_1=\mu_2$，$H_1:\mu_1\neq\mu_2$.

在 H_0 成立的条件下，统计量

$$T=\frac{\bar{X}-\bar{Y}}{\sqrt{\dfrac{(m-1)s_1^2+(n-1)s_2^2}{m+n-2}}\cdot\sqrt{\dfrac{1}{m}+\dfrac{1}{n}}}\sim t(m+n-2),$$

对 $\alpha=0.05$，查表可得 $t_{\alpha/2}(m+n-2)=t_{0.025}(108)=1.96$，由于

$$|T|=4.395>1.96,$$

故拒绝原假设 H_0，也就是说，甲、乙两厂生产的灯泡寿命有显著差异.

例4 在某段时间内系统记录错误次数统计如下：

$X=k$	0～2	3	4	5	6	7	8	9	10	11	12	13	14	15	≥16
频数 v_k	1	5	11	14	22	43	31	40	35	20	18	12	7	6	2

用 χ^2 检验法检验错误次数是否服从泊松分布？（$\alpha=0.05$）

解 待检验的假设为：H_0：总体 X 服从泊松分布 $X\sim P(\lambda)$. 首先求出泊松分布的参数 λ 的估计量，利用极大似然估计法，用样本均值来估计总体参数 λ：

$$\hat{\lambda}=\bar{x}=8.74,$$

当 H_0 成立时，X 近似服从分布 $X\sim P(8.74)$，计算相应的 $\hat{p}_k$，$k=2,3,\cdots,16$.

$$\hat{p}_k=\frac{\lambda^k e^{-\lambda}}{k!}=\frac{(8.74)^k e^{-8.74}}{k!},$$

$$\chi^2 = \sum_{i=1}^{k} \frac{(n_i - np_i)^2}{np_i} \sim \chi^2(k-1-r).$$

计算得统计量 $\chi^2 = 10.30$，自由度为 $15-1-1$，对水平 $\alpha = 0.05$，查表得临界值 $\chi^2_{0.025}(13) = 22.362$. 由于 $\chi^2 = 10.30 < 22.362$，故接受原假设 H_0，即认为系统错误次数服从泊松分布.

五、习题解答

1. 某种产品的质量 $X \sim N(12,1)$（单位：克），更新设备后，从新生产的产品中，随机地抽取 100 个，测得样本均值 $\bar{x} = 12.5$（克）. 如果方差没有变化，问设备更新后产品的平均质量是否有显著变化?（$\alpha = 0.1$）

解 方差已知，均值的检验.

已知条件：$\bar{X} = 12.5$，$\mu_0 = 12$，$\sigma = 1$，$n = 100$.

待检验的假设为：$H_0: \mu = 12$，$H_1: \mu \neq 12$，

在 H_0 成立的条件下，统计量

$$U = \frac{\bar{X} - \mu_0}{\sigma/\sqrt{n}} \sim N(0,1),$$

对 $\alpha = 0.1$，查表可得 $z_{\alpha/2} = 1.65$，$P\{|U| \geqslant 1.65\} = 0.1$，由于

$$|U| = \left| \frac{12.5 - 12}{1/\sqrt{100}} \right| = 5 > 1.65,$$

故拒绝原假设 H_0，也就是说，设备更新后产品的平均质量有显著变化.

2. 某高校大一新生进行数学期中考试，测得平均成绩为 75.6 分，标准差为 7.4 分. 从该校某专业抽取 50 名学生，测得数学平均成绩为 78 分，试问该专业学生与全校学生数学成绩有无明显差异?（$\alpha = 0.05$）

解 方差已知，均值的检验.

已知条件：$\bar{X} = 78$，$\mu_0 = 75.6$，$\sigma = 7.4$，$n = 50$.

待检验的假设为：$H_0: \mu = 75.6$，$H_1: \mu \neq 75.6$.

在 H_0 成立的条件下，统计量

$$U = \frac{\bar{X} - \mu_0}{\sigma/\sqrt{n}} \sim N(0,1),$$

对 $\alpha = 0.05$，查表可得 $z_{\alpha/2} = 1.96$，$P\{|U| \geqslant 1.96\} = 0.05$，由于

$$|U| = \left| \frac{78 - 75.6}{7.4/\sqrt{50}} \right| = 2.293 > 1.96,$$

故拒绝原假设 H_0，也就是说，该专业学生与全校学生数学成绩有明显差异.

3. 一种燃料的辛烷等级服从正态分布，平均等级为 98.0，标准差为 0.8. 今从一批新油中抽出 25 桶，算得样本均值为 97.7，假定标准差与原来一样，问新油的辛烷平均等级是否比原燃料平均等级偏低？（$\alpha=0.05$）

解　方差已知，均值的检验.

已知条件：$\bar{X}=97.7$，$\mu_0=98$，$\sigma=0.8$，$n=25$.

待检验的假设为：$H_0:\mu=98$，$H_1:\mu\neq 98$.

在 H_0 成立的条件下，统计量

$$U=\frac{\bar{X}-\mu_0}{\sigma/\sqrt{n}}\sim N(0,1),$$

对 $\alpha=0.05$，查表可得 $z_{\alpha/2}=1.96$，$P\{|U|\geqslant 1.96\}=0.05$，由于

$$|U|=\left|\frac{97.7-98}{0.8/\sqrt{25}}\right|=1.875<1.96,$$

故接受原假设 H_0，也就是说，新油的辛烷平均等级与原燃料平均等级无显著差异.

4. 某饲料公司用自动打包机打包，每包标准质量为 100kg，每天开工后需检验一次打包机是否正常工作，某日开工后测得九包质量为

99.3，98.7，100.5，101.2，98.3，99.7，99.5，102.1，100.5.

假设每包的质量服从正态分布. 在显著性水平为 $\alpha=0.05$ 下，打包机工作是否正常？

解　方差未知，均值的检验.

已知条件：$\bar{X}=99.98$，μ_0-100，$S=1.21$，$n=9$.

待检验的假设为：$H_0:\mu=100$，$H_1:\mu\neq 100$.

在 H_0 成立的条件下，统计量

$$T=\frac{\bar{X}-\mu_0}{S/\sqrt{n}}\sim t(n-1),$$

对 $\alpha=0.05$，查表可得 $t_{\alpha/2}(n-1)=t_{0.025}(8)=2.306$，$P\{|T|\geqslant 2.306\}=0.05$，由于

$$|T|=\left|\frac{99.98-100}{1.21/\sqrt{9}}\right|=0.050<2.306,$$

故接受原假设 H_0，也就是说，打包机工作正常.

5. 正常人的脉搏(单位：次/分)平均为 72，现某医生测得 10 例慢性四乙基铅中毒患者的脉搏如下：

54，68，65，77，70，64，69，72，62，71.

设患者的脉搏次数 X 服从正态分布，试检验患者的脉搏与正常人的脉搏有无显著差异？（$\alpha=0.05$）

解 方差未知,均值的检验.

已知条件: $\bar{X}=67.2$, $\mu_0=72$, $S=6.39$, $n=10$.

待检验的假设为: $H_0:\mu=72$, $H_1:\mu\neq 72$.

在 H_0 成立的条件下,统计量

$$T=\frac{\bar{X}-\mu_0}{S/\sqrt{n}}\sim t(n-1),$$

对 $\alpha=0.05$,查表可得 $t_{\alpha/2}(n-1)=t_{0.025}(9)=2.262$, $P\{|T|\geqslant 2.262\}=0.05$,由于

$$|T|=\left|\frac{67.2-72}{6.39/\sqrt{10}}\right|=2.395>2.262,$$

故拒绝原假设 H_0,也就是说,患者的脉搏与正常人的脉搏有显著差异.

6.有甲、乙两台机床加工同样产品,从这两台机床生产的产品中随机抽取若干件,测得产品直径(单位:毫米)为

机床甲 20.5, 19.8, 19.7, 20.4, 20.1, 20.0, 19.0, 19.9;

加床乙 19.7, 20.8, 20.5, 19.8, 19.4, 20.6, 19.2.

假定两台机床加工的产品直径都服从正态分布,且总体方差相等,问甲、乙两台机床加工的产品直径有无显著差异?($\alpha=0.05$)

解 两个正态总体,方差未知,均值差的检验.

已知条件: $\bar{X}=19.925$, $S_1^2=0.216$, $m=8$; $\bar{Y}=20$, $S_2^2=0.397$, $n=7$.

待检验的假设为: $H_0:\mu_1=\mu_2$, $H_1:\mu_1\neq\mu_2$.

在 H_0 成立的条件下,统计量

$$T=\frac{\bar{X}-\bar{Y}}{\sqrt{\frac{(m-1)S_1^2+(n-1)S_2^2}{m+n-2}}\cdot\sqrt{\frac{1}{m}+\frac{1}{n}}}\sim t(m+n-2),$$

对 $\alpha=0.05$,查表可得 $t_{\alpha/2}(m+n-2)=t_{0.025}(13)=2.16$, $P\{|T|\geqslant 2.16\}=0.05$,由于

$$|T|=\left|\frac{19.925-20}{\sqrt{\frac{(8-1)\times 0.216+(7-1)\times 0.397}{8+7-2}}\cdot\sqrt{\frac{1}{8}+\frac{1}{7}}}\right|=0.265<2.16,$$

故接受原假设 H_0,也就是说,甲、乙两台机床加工的产品直径无显著差异.

7.某汽车配件厂在新工艺下,对加工好的 25 个活塞的直径进行测量,得样本方差 $S^2=0.00066$. 已知老工艺生产的活塞直径的方差为 0.00040. 问新工艺下方差有无显著变化?(取 $\alpha=0.05$)

解 方差的检验.

已知条件: $S^2=0.00066$, $\sigma_0^2=0.00040$, $n=25$.

待检验的假设为：$H_0:\sigma^2=0.0004$，$H_1:\sigma^2\neq 0.0004$.

在 H_0 成立的条件下，统计量

$$\chi^2=\frac{(n-1)S^2}{\sigma_0^2}\sim\chi^2(n-1),$$

对 $\alpha=0.05$，查表 $\chi^2_{1-\alpha/2}(n-1)=\chi^2_{0.975}(24)=12.4$，$\chi^2_{\alpha/2}(n-1)=\chi^2_{0.025}(24)=39.36$，由于

$$\chi^2=\frac{24\times 0.00066}{0.0004}=39.6>39.36,$$

故拒绝原假设 H_0，也就是说，新工艺下方差有显著变化.

8. 某纺织厂生产的某种产品的纤度用 X 表示，在稳定生产时，可假定 $X\sim N(\mu,\sigma^2)$，其标准差 $\sigma=0.048$，现在随机抽取 5 根纤维，测得其纤度为

$$1.32,\ 1.55,\ 1.36,\ 1.40,\ 1.44.$$

问总体 X 的方差有无显著变化.

解 方差的检验.

已知条件：$S^2=0.00778$，$\sigma_0^2=0.048^2=0.002304$，$n=5$.

待检验的假设为：$H_0:\sigma^2=0.002304$，$H_1:\sigma^2\neq 0.002304$.

在 H_0 成立的条件下，统计量

$$\chi^2=\frac{(n-1)S^2}{\sigma_0^2}\sim\chi^2(n-1),$$

对 $\alpha=0.05$，查表 $\chi^2_{1-\alpha/2}(n-1)=\chi^2_{0.975}(4)=0.48$，$\chi^2_{\alpha/2}(n-1)=\chi^2_{0.025}(4)=11.14$，由于

$$\chi^2=\frac{4\times 0.00778}{0.002304}=13.507>11.14,$$

故拒绝原假设 H_0，也就是说，总体 X 的方差有显著变化.

9. 在正常生产条件下，某产品的测试指标总体 $X\sim N(\mu,0.023^2)$，后来改变生产水平，出了新产品，此时产品的测试指标总体 $X\sim N(\mu,\sigma^2)$. 现从新产品中抽取 10 件测试，计算出样本标准差为 0.33，若显著水平为 $\alpha=0.05$，问方差有没有显著变化？

解 方差的检验.

已知条件：$S^2=0.33^2$，$\sigma_0^2=0.023^2$，$n=10$.

待检验的假设为：$H_0:\sigma^2=0.023^2$，$H_1:\sigma^2\neq 0.023^2$.

在 H_0 成立的条件下，统计量

$$\chi^2=\frac{(n-1)S^2}{\sigma_0^2}\sim\chi^2(n-1),$$

对 $\alpha=0.05$，查表 $\chi^2_{1-\alpha/2}(n-1)=\chi^2_{0.975}(9)=2.7$，$\chi^2_{\alpha/2}(n-1)=\chi^2_{0.025}(9)=19.02$，由于

$$\chi^2=\frac{9\times 0.033^2}{0.023^2}=18.524,\quad 2.7<\chi^2<19.02,$$

故接受原假设 H_0，也就是说，方差无显著变化.

10. 从两个教学班各随机选取 14 名学生进行数学测验，第一教学班与第二教学班的数学成绩都服从正态分布，其方差分别 57 分和 53 分，14 名学生的平均成绩分别为 90.9 分和 92 分，在显著水平 $\alpha=0.05$ 下，分析两教学班的数学测验成绩有无明显差异？

解 总体方差未知，可以先检验两总体的方差是否相等，即检验两总体的方差有无显著差异，然后检验两总体的均值有无显著差异.

已知条件：$\bar{X}=90.9, S_1^2=57^2, m=14$；$\bar{Y}=92, S_2^2=53^2, n=14$.

(1)首先检验总体方差是否相等，待检验的假设为

$$H_0:\sigma_1^2=\sigma_2^2,\quad H_1:\sigma_1^2\neq\sigma_2^2.$$

在 H_0 成立的条件下，统计量

$$F=\frac{S_1^2}{S_2^2}\sim F(m-1,n-1),$$

对于给定的 $\alpha=0.05$，查 F 分布表，得临界值

$$F_{\frac{\alpha}{2}}(13,13)=3.15,\quad F_{1-\frac{\alpha}{2}}=\frac{1}{3.15}=0.317,$$

由于

$$F=\frac{S_1^2}{S_2^2}=1.156,\quad 0.317\leqslant F\leqslant 3.15,$$

故接受 H_0，即认为两教学班的数学测验成绩的方差无显著差异.

(2)检验总体均值是否相等，待检验假设为

$$H_0:\mu_1=\mu_2,\quad H_1:\mu_1\neq\mu_2,$$

在 H_0 成立的条件下，统计量

$$T=\frac{\bar{X}-\bar{Y}}{\sqrt{\frac{(m-1)S_1^2+(n-1)S_2^2}{m+n-2}}\cdot\sqrt{\frac{1}{m}+\frac{1}{n}}}\sim t(m+n-2),$$

对于给定的 $\alpha=0.05$，查 t 分布表，得 $t_{\alpha/2}(m+n-2)=t_{0.025}(26)=2.056$，由于

$$T=-0.051,\quad |T|<2.056,$$

故接受 H_0，即认为两教学班的数学测验成绩的均值无显著差异. 综上，两教学班的数学测验成绩无显著差异.

11. 为比较甲、乙两种安眠药的疗效，将 20 名患者分成两组，每组 10 人，如服药后延长睡眠的时间分别近似正态分布(假设标准差相同)，数据如下：

甲：1.9，0.8，1.1，0.1，−0.1，4.4，5.5，1.6，4.6，3.4；

乙：0.7，−1.6，−0.2，−1.2，−0.1，3.4，3.7，0.8，0，2.2.

问:两种安眠药的疗效有无显著差异?($\alpha=0.05$)

解 总体方差未知,题设标准差相同,检验两总体的均值有无显著差异.

已知条件:$\bar{X}=2.33$, $S_1^2=4.009$, $m=10$; $\bar{Y}=0.77$, $S_2^2=3.260$, $n=10$.

待检验假设为:$H_0: \mu_1=\mu_2$, $H_1: \mu_1\neq\mu_2$.

在 H_0 成立的条件下,统计量

$$T=\frac{\bar{X}-\bar{Y}}{\sqrt{\frac{(m-1)S_1^2+(n-1)S_2^2}{m+n-2}}\cdot\sqrt{\frac{1}{m}+\frac{1}{n}}}\sim t(m+n-2),$$

对于给定的 $\alpha=0.05$,查 t 分布表,得 $t_{\alpha/2}(m+n-2)=t_{0.025}(18)=2.101$,由于

$$T=1.736,\quad |T|<2.101,$$

故接受 H_0,两种安眠药的疗效无显著差异.

12. 在十块土地上试种甲乙两种作物,所得产量分别为 $(x_1,x_2,\cdots,x_{10})$, $(y_1,y_2,\cdots,y_{10})$,假设作物产量服从的正态分布(假设标准差相同),并计算得 $\bar{x}=30.97$, $\bar{y}=21.79$, $S_x=26.7$, $S_y=12.1$. 取显著性水平 0.01,问是否可认为两个品种的产量没有显著性差别?

解 总体方差未知,题设标准差相同,检验两总体的均值有无显著差异.

已知条件:$\bar{X}=30.97$, $S_1^2=26.7^2$, $m=10$; $\bar{Y}=21.79$, $S_2^2=12.1^2$, $n=10$.

待检验假设为:$H_0: \mu_1=\mu_2$, $H_1: \mu_1\neq\mu_2$.

在 H_0 成立的条件下,统计量

$$T=\frac{\bar{X}-\bar{Y}}{\sqrt{\frac{(m-1)S_1^2+(n-1)S_2^2}{m+n-2}}\cdot\sqrt{\frac{1}{m}+\frac{1}{n}}}\sim t(m+n-2),$$

对于给定的 $\alpha=0.01$,查 t 分布表,得 $t_{\alpha/2}(m+n-2)=t_{0.005}(18)=2.878$,由于

$$T=0.939,\quad |T|<2.878,$$

故接受 H_0,两个品种的产量无显著差异.

13. 两个工厂生产的蓄电池中,分别取 10 个蓄电池测得其电容(单位:安培小时)如下:

甲厂:140, 141, 135, 142, 140, 143, 138, 137, 142, 137;

乙厂:141, 143, 139, 139, 140, 141, 138, 140, 142, 138.

试比较两台机床加工的精度有无显著差异?($\alpha=0.05$)

解 总体方差未知,可以先检验两总体的方差是否相等,即检验两总体的方差有无显著差异,然后检验两总体的均值有无显著差异.

已知条件：$\bar{X}=139.5$, $S_1^2=6.944$, $m=10$; $\bar{Y}=140.1$, $S_2^2=2.767$, $n=10$,

(1) 首先检验总体方差是否相等，待检验的假设为

$$H_0:\sigma_1^2=\sigma_2^2,\quad H_1:\sigma_1^2\neq\sigma_2^2.$$

在 H_0 成立的条件下，统计量

$$F=\frac{S_1^2}{S_2^2}\sim F(m-1,n-1),$$

对于给定的 $\alpha=0.05$，查 F 分布表，得临界值

$$F_{\frac{\alpha}{2}}(9,9)=3.15,\quad F_{1-\frac{\alpha}{2}}=\frac{1}{3.15}=0.317,$$

由于

$$F=\frac{S_1^2}{S_2^2}=2.510,\quad 0.317\leqslant F\leqslant 3.15,$$

故接受 H_0，即认为两台机床加工的蓄电池的方差无显著差异.

(2) 检验总体均值是否相等，待检验假设为

$$H_0:\mu_1=\mu_2,\quad H_1:\mu_1\neq\mu_2,$$

在 H_0 成立的条件下，统计量

$$T=\frac{\bar{X}-\bar{Y}}{\sqrt{\frac{(m-1)S_1^2+(n-1)S_2^2}{m+n-2}}\cdot\sqrt{\frac{1}{m}+\frac{1}{n}}}\sim t(m+n-2),$$

对于给定的 $\alpha=0.05$，查 t 分布表，得 $t_{\alpha/2}(m+n-2)=t_{0.025}(18)=2.101$，由于

$$T=-0.578,\quad |T|<2.101,$$

故接受 H_0，即认为两台机床加工的蓄电池的均值无显著差异. 综上，两台机床加工的蓄电池的精度无显著差异.

14. 某工厂近五年来共发生 100 起事故，按星期几分类如下(表 8.2)：

表 8.2

星期	1	2	3	4	5	6	7
次数	11	12	18	14	16	19	10

问事故是否与星期几有关?（$\alpha=0.05$）

解 设某一随机变量 X, $X=i$ 表示事故发生在星期 i, $i=1,2,\cdots,7$，若事故发生与星期几无关，则应有 $P\{X=i\}=\frac{1}{7}$，因而要检验的假设为

$$H_0:P\{X=i\}=\frac{1}{7},\quad i=1,2,\cdots,7,$$

在 H_0 成立的条件下，统计量

$$\chi^2 = \sum_{i=1}^{7} \left(n_i - \frac{n}{7}\right)^2 \bigg/ \frac{n}{7} \sim \chi^2(6),$$

由已知，$n = 100$，$\alpha = 0.05$，$\chi^2_{0.05}(6) = 12.59$，计算可得 $\chi^2 = 5.14 < 12.59$，接受原假设 H_0，不能认为事故的发生与星期几有关.

15. 1 小时内电话交换台呼叫次数按每分钟统计如下(表 8.3)：

表 8.3

每分钟呼叫次数	0	1	2	3	4	5	6
频数	8	16	17	10	6	2	1

用 χ^2 检验法检验每分钟内电话呼唤次数是否服从泊松分布？（$\alpha = 0.05$）

解　待检验的假设为：H_0：总体 X 服从泊松分布 $X \sim P(\lambda)$. 首先求出泊松分布的参数 λ 的估计量，利用极大似然估计法，用样本均值来估计总体参数 λ：

$$\hat{\lambda} = \bar{x} = \frac{1}{60}(0\times 8 + 1\times 16 + 2\times 17 + 3\times 10 + 4\times 6 + 5\times 2 + 6\times 1) = 2.$$

当 H_0 成立时，X 近似服从分布 $X \sim P(2)$，下面计算相应的 $\hat{p}_i$，$i = 0,1,2,\cdots,6$.

$$\hat{p}_0 = \frac{\lambda^k e^{-\lambda}}{k!} = \frac{2^0 e^{-2}}{0!} = 0.135,$$

$$\hat{p}_1 = \frac{\lambda^k e^{-\lambda}}{k!} = \frac{2^1 e^{-2}}{1!} = 0.270,$$

$$\hat{p}_2 = \frac{\lambda^k e^{-\lambda}}{k!} = \frac{2^2 e^{-2}}{2!} - 0.270,$$

$$\hat{p}_3 = \frac{\lambda^k e^{-\lambda}}{k!} = \frac{2^3 e^{-2}}{3!} = 0.180,$$

$$\hat{p}_4 = \frac{\lambda^k e^{-\lambda}}{k!} = \frac{2^4 e^{-2}}{4!} = 0.090,$$

$$\hat{p}_5 = \frac{\lambda^k e^{-\lambda}}{k!} = \frac{2^5 e^{-2}}{5!} = 0.036,$$

$$\hat{p}_6 = \frac{\lambda^k e^{-\lambda}}{k!} = \frac{2^6 e^{-2}}{6!} = 0.012.$$

将以上计算结果代入下式

$$\chi^2 = \sum_{i=1}^{k} \frac{(n_i - np_i)^2}{np_i} \sim \chi^2(k-1-r),$$

计算得统计量 $\chi^2 = 0.2538$，自由度为 $6-1-1$，对水平 $\alpha = 0.05$，查表得临界值 $\chi^2_{0.025}(4) = 11.143$. 由于 $\chi^2 = 0.2538 < 11.143$，故接受原假设 H_0，即认为每分钟内电话呼唤次数服从泊松分布.

16. 对某型号电缆进行耐压测试实验，记录 43 根电缆的最低击穿电压，数据如下(表 8.4)：

表 8.4

测试电压	3.8	3.9	4.0	4.1	4.2	4.3	4.4	4.5	4.6	4.7	4.8
击穿频数	1	1	1	2	7	8	8	4	6	4	1

试检验电缆耐压数据是否服从正态分布?($\alpha = 0.05$)

解 待检验的假设为：H_0：总体 X 服从正态分布. 首先求出正态分布的两个参数 μ, σ^2 的估计量，用样本均值和样本方差来估计总体均值和方差，即采用

$$\hat{\mu} = \bar{X}, \quad \hat{\sigma}^2 = S^2,$$

根据测量数据计算得 $\bar{X} = 4.37$, $S^2 = 0.22^2$. 在 χ^2 检验中，一般要求对数据分组时每组中的观察个数不少于 5 个，现在我们选取 6 个数：4.1，4.2，4.3，4.4，4.6 将 $(-\infty, +\infty)$ 分为 6 个区间，相应地将数据分为 6 组，得到各组的频数如下(表 8.5)：

表 8.5

组号	1	2	3
区间界限	$(-\infty, 4.1]$	$(4.1, 4.2]$	$(4.2, 4.3]$
频数	5	7	8
组号	4	5	6
区间界限	$(4.3, 4.4]$	$(4.4, 4.6]$	$(4.6, +\infty]$
频数	8	10	5

下面计算相应的 $\hat{p}_i$, i=1,2,…,6.

当 H_0 成立时，X 近似服从分布 $N(4.37, 0.22^2)$，故

$$\hat{p}_1 = F(4.1) = \Phi\left(\frac{4.1 - 4.37}{0.22}\right) = \Phi(-1.23) = 0.1093,$$

$$\hat{p}_2 = F(4.2) - F(4.1) = \Phi\left(\frac{4.2 - 4.37}{0.22}\right) - \Phi\left(\frac{4.1 - 4.37}{0.22}\right)$$

$$= \Phi(-0.77) - \Phi(-1.23) = 0.1113,$$

$$\hat{p}_3 = F(4.3) - F(4.2) = \Phi\left(\frac{4.3 - 4.37}{0.22}\right) - \Phi\left(\frac{4.2 - 4.37}{0.22}\right)$$

$$= \Phi(-0.32) - \Phi(-0.77) = 0.1539,$$

$$\hat{p}_4 = F(4.4) - F(4.3) = \Phi\left(\frac{4.4 - 4.37}{0.22}\right) - \Phi\left(\frac{4.3 - 4.37}{0.22}\right)$$

$$= \Phi(0.14) - \Phi(-0.32) = 0.1812,$$

$$\hat{p}_5 = F(4.6) - F(4.4) = \Phi\left(\frac{4.6 - 4.37}{0.22}\right) - \Phi\left(\frac{4.4 - 4.37}{0.22}\right)$$

$$= \Phi(1.05) - \Phi(0.14) = 0.2974,$$

$$\hat{p}_6 = 1 - F(4.6) = 1 - \Phi\left(\frac{4.6 - 4.37}{0.22}\right) = 1 - \Phi(1.05) = 0.1469.$$

将以上计算结果代入下式，

$$\chi^2 = \sum_{i=1}^{k} \frac{(n_i - np_i)^2}{np_i} \sim \chi^2(k-1-r),$$

计算得统计量 $\chi^2 = 2.2202$，自由度为 $6-1-2$，对水平 $\alpha = 0.05$，查表得临界值 $\chi^2_{0.05}(3) = 7.815$. 由于 $\chi^2 = 2.2202 < 7.815$，故接受原假设 H_0，即认为电缆耐压数据服从正态分布.

第9章　回归分析

一、基本要求

1. 了解变量之间的相关关系.
2. 理解回归分析的基本思想.
3. 掌握一元线性回归的参数估计和显著性检验方法.
4. 掌握多元线性回归的参数估计和显著性检验方法.
5. 掌握非线性回归问题的线性化处理.

二、内容提要

(一)变量之间的关系

确定性关系,即函数关系,当某一变量发生变化时另一变量也随之发生变化,而且有确定的值与之相对应.

相关关系,两个或多个变量之间有一些关系,但没有确切到可以严格决定的程度.

(二)回归分析

回归分析是着重于寻求变量之间近似的函数关系,主要内容包括:

(1)寻求变量间的近似的函数关系(即回归方程).

(2)对回归方程、参数估计值的有效性进行显著性检验.

(3)利用回归方程进行预测和控制.

按照变量的个数划分,有一元回归分析和多元回归分析.一元回归分析研究两个变量之间的相关关系,多元回归分析则研究多个变量之间的相关关系.

按照变量之间相关关系的表现形式划分,有线性回归和非线性回归.

(三)基本概念

因变量(被解释变量),考察目标的变量 Y.

自变量(解释变量),影响 Y 的各种因素 $X_1,X_2,\cdots,X_k$.

随机误差,影响 Y 的因素很多,除了已经列举的自变量 $X_1,X_2,\cdots,X_k$ 之外,还可能存在其他一些因素的影响，包括没有列举的因素、或是条件限制未能发现的因素，或是本身就是难以控制的随机因素等，统称为随机误差，记为 ε.

回归方程：设自变量 $X_1,X_2,\cdots,X_k$ 的取值为 $x_1,x_2,\cdots,x_k$，则因变量 Y 的值一部分由自变量的影响所致，记为 $\mu(x_1,x_2,\cdots,x_k)$，另一部分由随机误差 ε 的影响所致.

$$Y=\mu(x_1,x_2,\cdots,x_k)+\varepsilon$$

称为 Y 对 $X_1,X_2,\cdots,X_k$ 的回归方程. 其中，随机误差 ε 通常满足 $E(\varepsilon)=0$, $D(\varepsilon)=\sigma^2$. 函数 $\mu(x_1,x_2,\cdots,x_k)$ 称为 Y 对 $x_1,x_2,\cdots,x_k$ 的回归函数，以上统称为回归模型.

(四)一元线性回归模型

只有一个自变量对变量 Y 产生影响.

设自变量为 x, Y 与 x 的一元线性回归模型为

$$\begin{cases}Y=a+bx+\varepsilon,\\ \varepsilon\sim N(0,\sigma^2),\end{cases}$$

其中 a,b,σ^2 为常数(不依赖于 x)，称 Y 与 x 之间存在线性相关关系. 记 $y=E(Y)$，则得回归函数

$$y=a+bx,$$

称为 y 对 x 的一元线性回归，a,b 称为回归系数.

(五)多元线性回归模型

有多个自变量对 Y 产生影响.

设自变量为 $X_1,X_2,\cdots,X_k$，多元线性回归模型为

$$\begin{cases}Y=b_0+b_1x_1+b_2x_2+\cdots+b_kx_k+\varepsilon,\\ \varepsilon\sim N(0,\sigma^2),\end{cases}$$

其中 $b_0,b_1,\cdots,b_k,\sigma^2$ 为常数(不依赖于 $x_1,x_2,\cdots,x_k$)，则称 Y 与 $x_1,x_2,\cdots,x_k$ 之间存在线性相关关系. 记 $y=E(Y)$，则得回归函数

$$y=b_0+b_1x_1+b_2x_2+\cdots+b_kx_k,$$

称为 y 对 $x_1,x_2,\cdots,x_k$ 的多元线性回归，$b_0,b_1,\cdots,b_k$ 称为回归系数.

(六)散点图

根据样本观测值

$$(x_1,y_1),\ (x_2,y_2),\cdots,(x_n,y_n),$$

作为 n 个点，在平面直角坐标系中作出的图像称为散点图.

当 n 较大时，若散点图上的 n 个点近似地分布在一条直线附近，我们就可以粗

略地认为,选取线性回归模型来描述 Y 与 x 之间的关系是合适的.

散点图简单直观,但是精度差,局限性大.根据散点图可以大致确定变量之间存在相关关系,但是无法确定回归函数中的回归系数 a,b.

(七)参数估计:最小二乘法

对于一元线性回归模型,样本观察值 $y_1,y_2,\cdots,y_n$ 满足

$$y_i = a + bx_i + \varepsilon_i, \quad i=1,2,\cdots,n,$$

其中 $\varepsilon_1,\varepsilon_2,\cdots,\varepsilon_n$ 相互独立,且均服从正态分布 $N(0,\sigma^2)$. 将上式改写成

$$\varepsilon_i = y_i - a - bx_i, \quad i=1,2,\cdots,n,$$

最小二乘法的原理即使全部误差的平方和 $\sum_{i=1}^{n}\varepsilon_i^2$ 取最小,此时的 $\hat{a},\hat{b}$ 为所求 a,b 的参数估计值.(可利用统计软件求得回归系数的值)

(八)显著性检验

1. 可决系数

可决系数 r^2 是一个非负系数, $0\leqslant r^2\leqslant 1$.

r^2 越大,拟合优度越好,解释变量对被解释变量的解释能力越强;

$r^2=1$, Y 的变化 100%可由 X 作出解释;

$r^2=0$, X 不能解释 Y 的任何变化,解释变量与被解释变量没有线性关系.

2. 方程的显著性检验——F 检验

方程的显著性检验,旨在对模型中被解释变量与解释变量之间的线性关系在总体上是否显著成立作出推断.

检验的步骤如下:

(1) 提出假设 $H_0: b_1=b_2=\cdots=b_k=0$;

(2) 当假设 H_0 成立时,统计量 $F=\dfrac{\mathrm{ESS}/k}{\mathrm{RSS}/(n-k-1)}\sim F(k,n-k-1)$;

(3) 给定显著性水平 α, 查 F 分布表,得临界值 $C=F_\alpha(k,\ n-k-1)$;

(4) 由样本值计算统计量 F 的值,若 $F\geqslant C$, 则拒绝假设 H_0, 即认为 Y 与 x_1, $x_2,\cdots,x_k$ 之间存在显著线性相关关系;若 $F<C$, 则接受假设 H_0, 即认为 Y 与 $x_1,x_2,\cdots,x_k$ 之间不存在显著线性相关关系.

3. 变量的显著性检验——t 检验

方程的总体线性关系显著不代表每个解释变量对被解释变量的影响都是显著的.因此,必须对每个解释变量进行显著性检验,以决定是否作为解释变量被保留

在模型中.检验的步骤如下:

(1) 提出假设 $H_0: b_i = 0, i = 1,2,\cdots,k$;

(2) 当假设 H_0 成立时,统计量 $t = \dfrac{\hat{b}_i - b_i}{\sqrt{c_{ii}\dfrac{\sum \varepsilon_i^2}{n-k-1}}} \sim t(n-k-1)$;

(3) 给定显著性水平 α, 查 t 分布表,得临界值 $C = t_{\frac{\alpha}{2}}(n-k-1)$;

(4) 由样本值计算统计量 t 的值,若 $|t| \geqslant C$, 则拒绝假设 H_0, 即认为 x_i 对 Y 有显著影响;若 $|t| < C$, 则接受假设 H_0, 即认为 x_i 对 Y 没有显著影响.

(九)非线性回归问题的线性化处理

下面介绍几种常见的可线性化的曲线类型.

1. 指数函数 $Y = ae^{bx}$

对其两边取自然对数,得 $\ln Y = \ln a + bx$, 令 $z = \ln Y$, 则 $z = \ln a + bx$.

2. 幂函数 $Y = ax^b$

对 $Y = ax^b$ 两边取对数,得 $\ln Y = \ln a + b\ln x$, 令 $z = \ln Y$, $t = \ln x$, 则得 $z = \ln a + bt$.

3. 双曲线函数 $\dfrac{1}{Y} = a + \dfrac{b}{x}$

令 $z = \dfrac{1}{Y}, t = \dfrac{1}{x}$, 则得 $z = a + bt$.

4. 对数函数 $Y = a + b\ln x$

令 $t = \ln x$, 则得 $Y = a + bt$.

5. S 形曲线 $Y = \dfrac{1}{a + be^{-x}}$

令 $z = \dfrac{1}{Y}, t = e^{-x}$, 则得 $z = a + bt$.

三、释疑解难

1. 相关关系与函数关系有何区别?

相关关系指两个或两个以上变量之间存在某种约束关系,但没有达到可以由一个变量确定另一个变量的程度;

函数关系指两个或两个以上变量之间存在明确的约束关系，一个变量可以由其余变量通过函数关系式确定.

2. 显著性检验中的 F 检验与 t 检验有何区别与联系？

F 检验为方程的显著性检验，对模型中被解释变量与解释变量之间的线性关系在总体上是否显著成立作出推断；

t 检验为解释变量的显著性检验，对模型中的某个解释变量对被解释变量的相关关系进行检验. 方程的总体线性关系显著不代表每个解释变量对被解释变量的影响都是显著的. 因此，必须对每个解释变量进行显著性检验，以决定是否作为解释变量被保留在模型中.

四、典型例题

例 1 某市近年来的粮食销售量 y（单位：万吨/年）与常住人口数 x（单位：万人）的数据如下（表 9.1），试建立粮食销售量与常住人口数之间的一元回归方程 $\hat{y} = \hat{a} + \hat{b}x$.

表 9.1

粮食销售量 y	98.45	100.7	102.8	133.95	140.13	143.11	146.15
常住人口数 x	560.2	603.11	668.05	715.47	724.27	736.13	748.91
粮食销售量 y	144.6	146.94	158.55	169.68	162.14	170.09	178.69
常住人口数 x	760.32	774.92	785.3	795.5	804.8	814.94	828.73

解 首先作粮食销售量 y 与常住人口数 x 的散点图（图 9.1）.

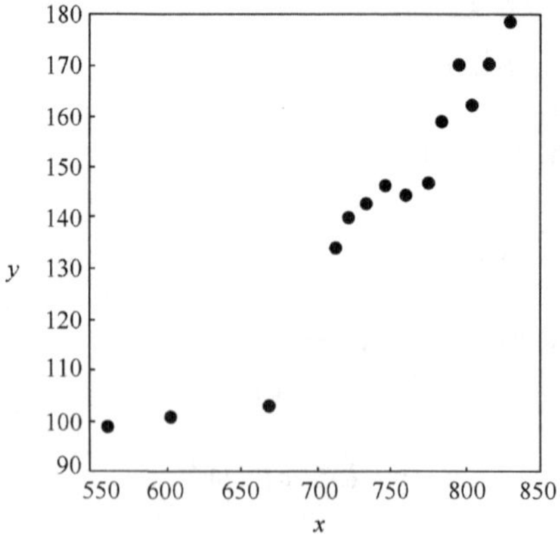

图 9.1

粮食销售量 y 与常住人口数 x 的相关系数 $r = 0.96$，说明变量 y 与 x 相关程度较高；

粮食销售量 y 与常住人口数 x 的回归方程为

$$\hat{y} = -90.921 + 0.317x,$$
$$(-4.7) \qquad (12.2)$$
$$R^2 = 0.925, \quad F = 147.619,$$

(括号内的数字为回归系数对应的 t 统计量的值,以下同.)F 检验与 t 检验均通过了显著性检验,线性回归显著.

例 2　例 1 中,增加肉销售量 x_2 (万吨/年),数据如下(表 9.2),试建立粮食销售量 y (万吨/年)与常住人口数 x_1 (单位:万人)和肉销售量 x_2 (单位:万吨/年)的多元回归方程 $\hat{y} = \hat{a} + \hat{b}_1 x_1 + \hat{b}_2 x_2$.

表 9.2

粮食销售量 y	98.45	100.7	102.8	133.95	140.13	143.11	146.15
常住人口数 x_1	560.2	603.11	668.05	715.47	724.27	736.13	748.91
肉销售量 x_2	6.53	9.12	8.1	10.1	10.93	11.85	12.28
粮食销售量 y	144.6	146.94	158.55	169.68	162.14	170.09	178.69
常住人口数 x_1	760.32	774.92	785.3	795.5	804.8	814.94	828.73
肉销售量 x_2	13.5	15.29	18.1	19.61	17.22	18.6	23.53

解　首先作粮食销售量 y 与常住人口数 x_1,粮食销售量 y 与肉销售量 x_2 的散点图(图 9.2 和图 9.3).

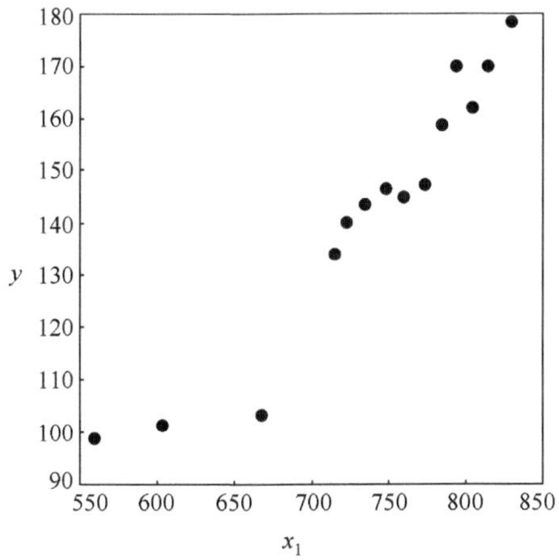

图 9.2

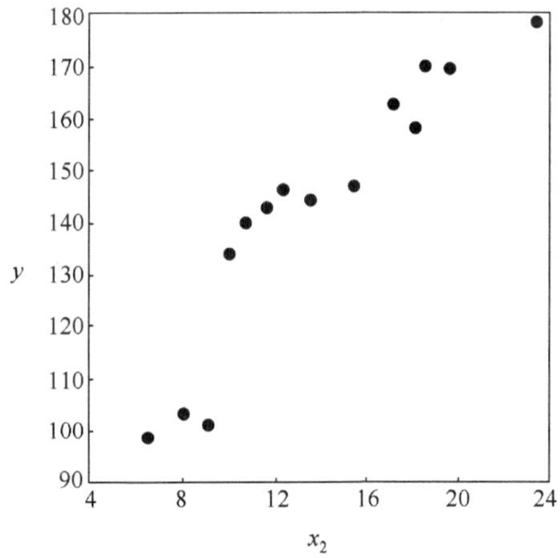

图 9.3

粮食销售量 y 与常住人口数 x_1 的相关系数 $r = 0.96$, 说明变量 y 与 x_1 相关程度较高;粮食销售量 y 与肉销售量 x_2 的相关系数 $r = 0.928$, 说明变量 y 与 x_2 相关程度较高;

粮食销售量 y 与常住人口数 x_1 及肉销售量 x_2 的回归方程为

$$\hat{y} = -39.795 + 0.212x_1 + 1.909x_2,$$
$$(-1.6) \quad (4.7) \quad (2.6)$$
$$R^2 = 0.954, \quad F = 113.922.$$

F 检验与 t 检验均通过了显著性检验,线性回归显著.

例 3　某城市每 10 年的人口总数 y(单位:十万人)统计数据见表 9.3.

表 9.3

年份 t	人口数 y	年份 t	人口数 y
1820	5.308	1920	75.944
1830	7.329	1930	91.972
1840	9.638	1940	105.71
1850	12.866	1950	122.775
1860	17.069	1960	131.669
1870	23.191	1970	151.325
1880	31.443	1980	179.323
1890	39.818	1990	203.211
1900	50.115	2000	228.795
1910	62.947	2010	251.305

试建立人口增长方程 $y = ae^{bt}$,并预测未来 10 年的人口总数.

解　将人口增长方程 $y = ae^{bt}$ 线性化:$\ln y = \ln a + bt$,回归方程为

$$\ln y = -36.027 + 0.021t,$$
$$(-21.7) \quad (24.0)$$
$$R^2 = 0.968, \quad F = 575.18,$$

F 检验与 t 检验均通过了显著性检验,线性回归显著.变形为人口增长方程

$$Y = e^{-36.027} \cdot e^{0.021t} = (2.258E-16) \cdot e^{0.021t}.$$

五、习 题 解 答

1. 某班 12 个学生某门课程期中成绩 x 和期末成绩 y 如下(表 9.4):

表 9.4

x	65	63	67	64	68	62	70	66	68	67	69	71
y	68	66	68	65	69	66	68	65	71	67	68	70

(1) 构造一个散点图;

(2) 求 y 关于 x 的回归方程 $\hat{y}=\hat{a}+\hat{b}x$.

解 (1) 期中成绩 x 和期末成绩 y 的散点图如图 9.4 所示.

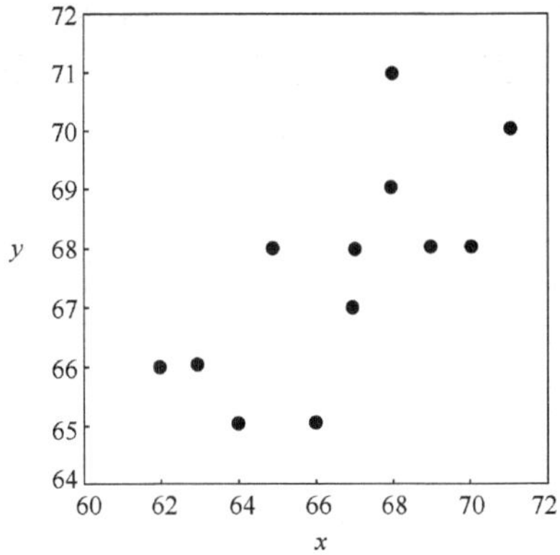

图 9.4

(2) y 关于 x 的回归方程

$$\hat{y}=35.8248+0.4764x,$$
$$(3.520)\quad(3.123)$$
$$R^2=0.4937.$$

2. 测得某种物质在不同温度 x 下吸附另一种物质的质量 y,数据见表 9.5:

表 9.5

温度 x(℃)	1.5	1.8	2.4	3.0	3.5	3.9	4.4	4.8	5.0
质量 y/(mg)	4.8	5.7	7.0	8.3	10.9	12.4	13.1	13.6	15.3

求回归方程 $\hat{y}=\hat{a}+\hat{b}x$.

解 y 关于 x 的回归方程

$$\hat{y}=0.2569+2.9303x,$$
$$(0.483)\quad(19.685)$$
$$R^2=0.9823.$$

3. 考察硫酸铜在水中的溶解度 y 与温度 x 的关系时,做了 9 组实验,其数据见表 9.6:

表 9.6

温度 x(℃)	0	10	20	30	40	50	60	70	80
溶解度 y(g)	14.0	17.5	21.2	26.1	29.2	33.3	40.0	48.0	54.8

求(1)回归方程 $\hat{y}=\hat{a}+\hat{b}x$; (2) 相关系数 r,并说明 r 在题中表示的意义.

解 (1) y 关于 x 的回归方程

$$\hat{y} = 11.6000 + 0.4992x,$$
$$(8.060) \quad (16.514)$$
$$R^2 = 0.9750.$$

(2) 相关系数 $r = 0.9874$，相关系数的绝对值越接近于1，说明变量 x 与 y 的相关程度越高，溶解度 y 与温度 x 之间存在线性相关关系.

4. 下面列出了12名妇女的年龄 x 和心脏收缩压 y 的数据(表9.7)：

表 9.7

x(年龄)	56	42	72	36	63	47	55	49	38	42	68	60
y(血压)	147	125	160	118	149	128	150	145	115	140	152	155

求(1) 回归方程 $\hat{y}=\hat{a}+\hat{b}x$；(2) 相关系数 r.

解 (1) y 关于 x 的回归方程

$$\hat{y} = 80.7777 + 1.1380x,$$
$$(8.464) \quad (6.386)$$
$$R^2 = 0.8031.$$

(2) 相关系数 $r = 0.8962$，相关系数的绝对值越接近于1，说明变量 x 与 y 的相关程度越高，年龄和心脏收缩之间存在线性相关关系.

5. 某市场连续12天卖出黄瓜的价格和销售量的调查数据如下(表9.8)(1斤=500g)：

表 9.8

x(元/斤)	1	0.9	0.8	0.7	0.7	0.7	0.7	0.65	0.6	0.6	0.55	0.5
y(斤)	55	70	90	100	90	105	80	110	125	115	130	130

求 (1) 销售量对价格的回归方程 $\hat{y}=\hat{a}+\hat{b}x$；

(2) 相关系数 r；

(3) 检验回归的显著性($a = 0.05$).

解 (1) y 关于 x 的回归方程

$$\hat{y} = 210.4444 - 157.7778x,$$
$$(16.741) \quad (-8.952)$$
$$R^2 = 0.8891.$$

(2) 相关系数 $r = -0.9429$，相关系数的绝对值越接近于1，说明变量 x 与 y 的相关程度越高，黄瓜的价格和销售量之间存在线性相关关系.

(3) 可决系数 $R^2 = 0.8891$，说明拟合效果很好，变量 x 对变量 y 的解释能力很强；

F 统计量 $F = 80.143$，临界值 $F_\alpha(k, n-k-1) = 4.96$，$F = 80.143 > F_\alpha$，变量 x 与 y 之间存在显著的线性相关关系；

t 统计量 $t=-8.952$，临界值 $t_{\alpha/2}(n-k-1)=2.228$，$|t|=8.952>t_{\alpha/2}$，变量 x 对 y 有显著影响.

6. 以家庭为单位，某种商品年需求量 y 与该商品价格 x 之间的一组调查数据如下(表 9.9)：

表 9.9

x	5	2	2	2.3	2.5	2.6	2.8	3	3.3	3.5
y	1	3.5	3	2.7	2.4	2.5	2	1.5	1.2	1.2

求　(1) 回归方程 $\hat{y}=\hat{x}+\hat{b}x$；

(2) 相关系数 r；

(3) 检验回归的显著性($a=0.05$).

解　(1) y 关于 x 的回归方程

$$\hat{y}=4.4951-0.8259x,$$
$$(8.694)\quad(-4.826)$$
$$R^2=0.7443.$$

(2) 相关系数 $r=-0.8627$，相关系数的绝对值越接近于1，说明变量 x 与 y 的相关程度越高，黄瓜的价格和销售量之间存在线性相关关系.

(3) 可决系数 $R^2=0.7443$，说明拟合效果很好，变量 x 对变量 y 的解释能力很强；

F 统计量 $F=23.289$，临界值 $F_\alpha(k,n-k-1)=5.32$，$F=23.289>F_\alpha$，变量 x 与 y 之间存在显著的线性相关关系；

t 统计量 $t=-4.826$，临界值 $t_{\alpha/2}(n-k-1)=2.306$，$|t|=4.826>t_{\alpha/2}$，变量 x 对 y 有显著影响.

7. 为确定广告费用与销售额的关系，现作一统计，得如下资料(表 9.10)：

表 9.10

广告费 x (万元)	40	25	20	30	40	40	25	20	50	20	50	50
销售量 y (万元)	490	395	420	475	385	525	480	400	560	365	510	540

求(1)销售额对广告费的回归方程 $\hat{y}=\hat{a}+\hat{b}x$；

(2) 检验回归的显著性($a=0.05$)；

(3) 确定当广告费用为 43 万元时，销售额的预测值.

解　(1) y 关于 x 的回归方程

$$\hat{y}=319.0863+4.1853x,$$
$$(8.022)\ (3.780)$$
$$R^2=0.5908.$$

(2) 可决系数 $R^2 = 0.5908$，说明拟合效果很好，变量 x 对变量 y 的解释能力很强；

F 统计量 $F = 14.438$，临界值 $F_\alpha(k, n-k-1) = 4.96$，$F = 14.438 > F_\alpha$，变量 x 与 y 之间存在显著的线性相关关系；

t 统计量 $t = 3.780$，临界值 $t_{\alpha/2}(n-k-1) = 2.228$，$|t| = 3.780 > t_{\alpha/2}$，变量 x 对 y 有显著影响.

(3) 当广告费用为 43 万元时，销售额的预测值 $\hat{y} = 499$ 万元.

8. 表 9.11 列出了六个工业发达国家在 1979 年的失业率与国民经济增长率的数据：

表 9.11

国家	国民经济增长率 x(%)	失业率 y(%)
美　国	3.2	5.8
日　本	5.6	2.1
法　国	3.5	6.1
西　德	4.5	3.0
意大利	4.9	3.9
英　国	1.4	5.7

(1) 建立 y 关于 x 的回归方程；

(2) 检验回归的显著性($\alpha = 0.05$)；

(3) 若一工业发达国家的国民经济增长率 $x = 3\%$，求其失业率的预测值.

解　(1) y 关于 x 的回归方程

$$\hat{y} = 7.9428 - 0.9115x,$$
$$(5.936)\quad(-2.782)$$
$$R^2 = 0.659.$$

(2)可决系数 $R^2 = 0.659$，说明拟合效果很好，变量 x 对变量 y 的解释能力很强；

F 统计量 $F = 7.740$，临界值 $F_\alpha(k, n-k-1) = 4.54$，$F = 7.740 > F_\alpha$，变量 x 与 y 之间存在显著的线性相关关系；

t 统计量 $t = -2.782$，临界值 $t_{\alpha/2}(n-k-1) = 2.776$，$|t| = 2.782 > t_{\alpha/2}$，变量 x 对 y 有显著影响.

(3)当国民经济增长率为 $x = 3\%$ 万元时，失业率的预测值 $\hat{y} = 5.2\%$.

9. 表 9.12 列出了挪威人自 1938 到 1947 年间年人均脂肪消耗量，与患动脉粥样硬化症而死亡的死亡率之间相关的一组数据.

表 9.12

年份	脂肪销量 x (千克/人年)	死亡率 y $(10^5$ 人年$)^{-1}$	年份	脂肪销量 x (千克/人年)	死亡率 y $(10^5$ 人年$)^{-1}$
1938	14.4	29.1	1943	9.6	23.1
1939	16.0	29.7	1944	9.2	23.0
1940	11.6	29.2	1945	10.4	23.1
1941	11.0	26.0	1946	11.4	25.2
1942	10.0	24.0	1947	12.5	26.1

(1) 建立 y 关于 x 的回归方程;

(2) 检验回归的显著性($a=0.05$);

(3) 对某年脂肪销量 $x=13$,求该年患动脉粥样硬化症而死亡的死亡率的预测值($a=0.05$).

解 (1) y 关于 x 的回归方程

$$\hat{y}=13.4867+1.0649x$$
$$(5.258)\quad(4.895)$$
$$R^2=0.7497.$$

(2) 可决系数 $R^2=0.7497$,说明拟合效果很好,变量 x 对变量 y 的解释能力很强;

F 统计量 $F=23.959$,临界值 $F_\alpha(k,n-k-1)=5.32$, $F=23.959>F_\alpha$,变量 x 与 y 之间存在显著的线性相关关系;

t 统计量 $t=4.895$,临界值 $t_{\alpha/2}(n-k-1)=2.306$, $|t|=4.895>t_{\alpha/2}$,变量 x 对 y 有显著影响.

(3)当某年脂肪销量 $x=13$ 时,死亡率的预测值 $\hat{y}=27.3$.

10. 实验室做陶粒混凝土实验中,考察每立方米混凝土(单位:kg)对混凝土抗压强度(单位:kg/cm^3)的影响,测得数据如下(表 9.13):

表 9.13

水泥用量 x (kg)	抗压强度 y (kg/cm^3)	水泥用量 x (kg)	抗压强度 y (kg/cm^3)
150	56.9	210	74.1
160	58.3	220	77.4
170	61.6	230	80.2
180	64.6	240	82.6
190	68.1	250	86.4
200	71.3	260	89.7

(1) 建立 y 关于 x 的回归方程;

(2) 检验回归的显著性($a=0.05$);

(3) 当 $x_0=225$kg,求 y 的预测值及置信水平 $a=0.05$ 下预测值.

解 (1) y 关于 x 的回归方程

$$\hat{y} = 10.2829 + 0.3040x,$$
$$(12.092) \quad (74.314)$$
$$R^2 = 0.9982.$$

(2)可决系数 $R^2 = 0.9982$，说明拟合效果很好，变量 x 对变量 y 的解释能力很强；

F 统计量 $F = 5522.521$，临界值 $F_\alpha(k, n-k-1) = 4.96$，$F = 5522.521 > F_\alpha$，变量 x 与 y 之间存在显著的线性相关关系；

t 统计量 $t = 74.314$，临界值 $t_{\alpha/2}(n-k-1) = 2.228$，$|t| = 74.314 > t_{\alpha/2}$，变量 x 对 y 有显著影响.

(3)当水泥用量 $x_0 = 225\text{kg}$ 时，抗压强度的预测值 $\hat{y} = 78.68$.

参 考 文 献

陈骑兵,李秋敏.2013.工程数学.重庆:重庆大学出版社

电子科技大学应用数学系. 2000.概率统计复习指南. 成都:电子科技大学出版社

茆诗松,程依明,濮晓龙.2011.概率论与数理统计教程(第二版).北京:高等教育出版社

茆诗松,程依明,濮晓龙.2008.概率论与数理统计教程(第二版)习题与解答.北京:高等教育出版社

牟谷芳,张秋燕,陈骑兵,等.2012.数学实验.北京:高等教育出版社

盛骤,谢式千,潘承毅. 2008.概率论与数理统计(第四版).北京:高等教育出版社

盛骤,谢式千,潘承毅. 2008.概率论与数理统计习题全解指南. 北京:高等教育出版社

同济大学应用数学系.2012.概率统计简明教程附册学习辅导与习题全解(第二版).北京:高等教育出版社

同济大学应用数学系.2012.工程数学概率统计简明教程(第二版).北京:高等教育出版社

王国政,李秋敏,余步雷,等.2010.概率论与数理统计教程.北京:高等教育出版社

徐全智,吕恕.2010.概率论与数理统计(第二版).北京:高等教育出版社